イラストで学ぶ
An Illustrated Guide to Robotics

ロボット工学

木野 仁 著　谷口 忠大 監修
Hitoshi Kino / Tadahiro Taniguchi

JN173588

講談社

ご注意

①本書を発行するにあたって，内容について万全を期して制作しましたが，万一，ご不審な点や誤り，記載漏れなどお気づきの点がありましたら，出版元まで書面にてご連絡ください．

②本書の内容に関して適用した結果生じたこと，また，適用できなかった結果について，著者および出版社とも一切の責任を負えませんので，あらかじめご了承ください．

③本書に記載されている情報は，2017年7月時点のものです．

④本書に記載されているWEBサイトなどは，予告なく変更されることがあります．

⑤本書に記載されている会社名，製品名，サービス名などは，一般に各社の商標または登録商標です．

イラスト：峰岸 桃　図版：TSスタジオ　デザイン：達 由則（達デザイン事務所）

監修にあたって

　ロボット産業が再び注目されています．人工知能技術の発展は画像認識や音声認識，自然言語処理といった領域に大きなインパクトを与えて，実世界情報処理の可能性を大きく広げました．ディープラーニングに代表される2010年代に入ってからの人工知能ブームは機械学習技術をその本質にしながらも，「人工知能」という一括りの言葉で，多くの人を惹き付け，また，多くの企業や学者，政府，そして一般の人々の未来展望を揺さぶっています．アニメやゲームを通してロボット好きの日本人は特に，人工知能の発展と聞くと，万能な家庭用ロボットや産業用，オフィス用のロボットの実現を連想します．「人工知能 × ロボティクス」への注目は2010年代後半以降の学問や産業の発展を間違いなく後押ししていくでしょう．

　さて，2010年代の人工知能ブームはほぼ「パターン認識ブーム」だと括ることができます．パターン認識とはロボットが世界を「認識」するための技術です．しかし，ロボットが私達の暮らす世界の中で活動し，私達の仕事を手伝おうとするならば，ロボットは実世界の中で「行動」する必要があります．身体を動かすことは物理学でいえば力学の延長線上に存在し，それは，多くの人工知能研究やIT技術で扱われるような，コンピュータの中に閉じた情報処理とはまた異なった学問と知識と感性を要求します．人工知能×ロボティクスの時代にあっては，そのような実世界でロボットが動くための学問を感覚的に理解し，動かし，語れる人材がより多く求められるでしょう．

　本書はこれまでに出版されてきたロボット工学の教科書よりも，より広い層に学んでいただき，できるだけ平易にご理解いただくために，ストーリーを交えながら魅力的な一冊を作ろうと努めました．ストーリーを形作るために，拙著『イラストで学ぶ人工知能概論』で活躍したホイールダック2号くんにホイールダック2号@ホームとして装いも新たに再登場してもらいました．「このホイールダック2号@ホームを家庭用ロボットとしてチューンナップして行く」というストーリーのうえで，皆さんには少しずつロボット工学の知識を学んでいただければと思います．

　筆者の木野仁先生は終始エネルギッシュに執筆してくださいました．初めてお会いしたときからガンオタ（ガンダムオタク）教授の称号にふさわしい

コテコテのノリで，企画が始まったときから「個性的な一冊」ができ上がることは約束されていたかと思います．編集の横山真吾さんには前作『イラストで学ぶ人工知能概論』に引き続きテンポの良いマネジメントで企画を出版まで導いていただきました．イラストの峰岸桃さんには子育ての忙しい中，ホイールダック 2 号のバージョンアップや新キャラのデザインにも活躍していただきました．四人のチームで作ったこの一冊が，皆さんのロボット工学への心の壁を取り除く秘密兵器になれば幸いです．

2017 年 8 月
京都の自宅にて　谷口忠大

はじめに

　本書ではロボット工学の中でも，特にロボットのマニピュレータの制御について学んでいく．しかし，対象をマニピュレータ制御に限定したとしても，多くの知識を必要とする．マニピュレータ制御に関して数多くの良書が存在するが，これらは非常に専門性が高く，内容の理解には高度な工学知識を必要とすることが多い．そして，それらの工学知識の根底にあるものは数学と物理である．一方，最近の細分化された大学の学部・学科では，カリキュラム上の問題から，専門性の高い数学・物理の教育に十分な時間を割くことができず，結果として，マニピュレータ制御の良書を理解できるだけの知識を習得できない学生が多い．

　そこで本書では，マニピュレータの運動を平面内に限定することで，できるだけ高校や大学初等レベルの基礎的な数学・物理の知識を利用し，マニピュレータ制御を解説していく．それでも，可能な限り重要な数学的記述を省略することなく，ロボット工学における数学的・物理的なイメージを大切にする．本書で基礎的なことを学び，より高度な知識が必要となった際には，本書巻末のブックガイドに紹介するような高度な専門書にチャレンジしてほしい．

　また，読者のイメージをできるだけ助けるために，姉妹書である『イラストで学ぶ人工知能概論』に登場するホイールダック 2 号に再登場してもらうことにした．ホイールダック 2 号にマニピュレータを新設することで，要求されるさまざまな仕事に対し，どのようにマニピュレータを制御するのかを解説していく．

　なお，本書の内容の一部は，著者の電子書籍『高校の知識で挑む！　本格的なロボット工学 (Kindle 版)』を大幅に加筆・修正したものであることをお断りしておく．

2017 年 7 月

著者　木野 仁

本書の登場人物

ホイールダック 2 号@ホーム
　アヒルに見た目が似ていることから「ホイールダック 2 号」と名付けられたペンギン型ロボットの改造版．シリアルリンク構造をもつマニピュレータ（ロボットアーム）を 1 基取り付けられることで物体把持など家庭用ロボットとして必要なタスクを実行できるようになった．

ホノカ
　未来都市ハカタに住む女子中学生．ひょんなことからホイールダック 2 号@ホームのモニターに選ばれる．ホイールダック 2 号のことが大好きで，ホイールダック 2 号の失敗でひどい目にあっても，いつも笑顔．好きな花はアジサイ．

おじいちゃん
　ホノカの祖父．ホノカの自宅から徒歩圏内に住んでいる．孫のことを大変可愛がっており，ホノカも毎週のようにおじいちゃんの家に顔を出している．ホノカが連れてきたホイールダック 2 号を笑顔で招き入れる．実は地元の有力者．

助手
　博士の研究所で研究の補助を行う助手．アメリカの一流大学で学位を取得するが，帰国し博士の研究所に参加する．趣味は乗馬．眼鏡は伊達メガネ．少女時代の将来の夢は幼稚園の先生．学位は PhD．

博士
　ホイールダック 2 号@ホームの生みの親．人工知能やロボット工学を始めとした多岐にわたる分野に精通している．いつの日か，ホイールダック 2 号が全世界で活躍する日のことを夢見ている．趣味は紅茶と読書．学位は博士（工学）．

工場長
　博士の研究所に併設される機械工作センターの技術スタッフ．通称，工場長．切削や溶接といった機械工作のみならず，センサ，アクチュエータ，電子回路，さらには計算機のオペレーティングシステムにも精通するスーパーマン．発明家でもあり特許収入は手取りを超える．

目　次

監修にあたって iii

はじめに v

第1章　マニピュレータを制御しよう　　1

1.1　ロボットとは何か？ 2

  1.1.1　アニメ・SF の中のロボット 2

  1.1.2　学問としてのロボット工学 3

1.2　ロボットの要素技術とマニピュレータ制御 4

  1.2.1　ロボットの要素技術 4

  1.2.2　マニピュレータ制御 5

1.3　ロボット工学の基礎知識 6

  1.3.1　システム 6

  1.3.2　マニピュレータの構成要素 6

  1.3.3　フィードフォワード制御とフィードバック制御 ... 7

1.4　ホイールダック 2 号@ホームと学ぼう！ 9

  1.4.1　ホイールダック 2 号@ホームのストーリー 9

  1.4.2　ホイールダック 2 号@ホームのスペック 9

第2章　基本的な制御（並進系）　　13

2.1　並進系の力学 14

  2.1.1　物理と微分・積分 14

  2.1.2　微分と速度・加速度 15

  2.1.3　積分と速度・加速度 17

  2.1.4　自由落下の公式と微分・積分 19

2.2　並進運動における P 制御 20

  2.2.1　P 制御の考え方 20

  2.2.2　P 制御の動作 23

2.3　並進運動における PD 制御 24

  2.3.1　ダンパ（減衰器）とは 24

  2.3.2　並進運動の PD 制御 26

第3章 基本的な制御（回転系） 29

3.1 回転系の力学 30

   3.1.1 角速度と角加速度の関係 30

   3.1.2 トルクとは 31

   3.1.3 慣性モーメントとは 32

   3.1.4 並進系と回転系の類似性 34

3.2 回転運動における PD 制御 35

第4章 自由度と座標系 39

4.1 自由度の概念 40

   4.1.1 並進系の自由度 40

   4.1.2 回転系の自由度 40

   4.1.3 並進＋回転系の自由度 41

   4.1.4 関節の簡易的な表記 42

4.2 手先自由度と関節自由度 43

   4.2.1 1 自由度と 2 自由度の例 43

   4.2.2 目的の運動と手先自由度 44

4.3 非冗長と冗長 45

4.4 関節と手先の座標系 46

第5章 順運動学と逆運動学 49

5.1 運動学の概念 50

   5.1.1 順運動学と逆運動学 50

   5.1.2 関節角度センサにおける角度計測 52

5.2 順運動学 53

5.3 逆運動学 53

   5.3.1 逆運動学の計算 53

   5.3.2 逆運動学の特徴 55

5.4 冗長マニピュレータの運動学 56

第6章 ロボット用アクチュエータ 61

6.1 ロボット用アクチュエータの種類 62

6.2 電磁駆動アクチュエータ 62

6.2.1	直流モータの仕組み	62
6.2.2	直流モータのトルク制御（モータドライバ）.....	65
6.3	油圧駆動アクチュエータ	67
6.4	空気圧駆動アクチュエータ	68
6.5	その他のアクチュエータ	70
6.5.1	超音波アクチュエータ	70
6.6	DA 変換器（DA コンバータ）..........................	71

第7章　ロボット用センサ　　73

7.1	ロボット用センサの種類	74
7.2	角度センサ	74
7.2.1	ポテンショメータの仕組み	75
7.2.2	エンコーダの仕組み	77
7.3	角速度センサ	78
7.3.1	角速度センサの仕組み	78
7.3.2	角度センサを用いた間接的な角速度計測	80
7.4	力センサ	81
7.4.1	歪ゲージを使った力センサ	81
7.4.2	ホイートストンブリッジ回路を用いた電圧計測	83
7.5	AD 変換器（AD コンバータ）..........................	85
7.5.1	AD 変換器の仕組み	85
7.5.2	DA/AD 変換器を用いたロボットのシステム構築	86

第8章　関節座標系の位置制御　　89

8.1	PTP 制御と軌道制御	90
8.2	関節座標系 PD 制御...	90
8.2.1	PD 制御を用いた 1 リンク 1 関節システムの PTP 制御..	90
8.2.2	PD 制御を用いた 2 リンク 2 関節システムの PTP 制御..	92
8.3	重力補償	94
8.3.1	重力の影響による誤差	94
8.3.2	1 リンク 1 関節システムの場合の重力補償.......	95
8.3.3	2 リンク 2 関節システムへの重力補償の拡張....	96
8.4	PTP 制御を用いた簡易的な軌道制御	98

第9章　速度制御　　101

9.1　ベクトル・行列の基礎 102

  9.1.1　ベクトル・行列の定義と基礎的な計算 102

  9.1.2　逆行列 104

  9.1.3　転置と微分 104

9.2　速度関係とヤコビ行列 105

  9.2.1　手先速度と関節角速度の関係 105

  9.2.2　手先速度と関節角速度の逆関係 107

9.3　分解速度法による軌道制御 108

9.4　特異姿勢 110

第10章　力制御と作業座標系 PD 制御　　113

10.1　ロボットの力制御 114

  10.1.1　フィードフォワードによる力制御 114

  10.1.2　フィードバック型の力制御 115

10.2　作業座標系 PD 制御法 116

第11章　人工ポテンシャル法と移動ロボットへの応用　　123

11.1　人工ポテンシャル法 124

  11.1.1　はじめに 124

  11.1.2　ポテンシャルによる PD 制御の解説 124

  11.1.3　人工ポテンシャル法 126

11.2　作業座標系制御における障害物回避 127

  11.2.1　マニピュレータの障害物回避 127

  11.2.2　移動ロボットの位置制御への応用 128

第12章　解析力学の基礎　　133

12.1　静力学と動力学 134

  12.1.1　バネ問題 134

  12.1.2　運動方程式とは 136

  12.1.3　1 リンク 1 関節マニピュレータの運動方程式 .. 136

12.2　ラグランジュ法による運動方程式の導出 137

  12.2.1　ニュートン・オイラー法とラグランジュ法 137

	12.2.2 一般化座標・一般化速度・一般化力.............. 138
	12.2.3 ラグランジュの運動方程式......................... 139
12.3	運動方程式の計算例 139
	12.3.1 【計算例1】斜面を滑る物体の運動 139
	12.3.2 【計算例2】1リンク1関節システム 141
	12.3.3 【計算例3】並進と回転の複合したシステム .. 141

第13章 ロボットの動力学 147

13.1	2リンク2関節マニピュレータの運動方程式 148
13.2	順動力学と逆動力学 150
	13.2.1 動力学の分類.................................... 150
	13.2.2 順動力学... 151
	13.2.3 逆動力学... 151
13.3	計算トルク法による軌道制御 152
	13.3.1 並進1自由度システムの例 152
	13.3.2 マニピュレータにおける計算トルク法.......... 153
	13.3.3 アクチュエータの運動方程式.................... 154

第14章 インピーダンス制御 157

14.1	ドアノブ問題 158
	14.1.1 はじめに... 158
	14.1.2 ドアノブ問題の整理............................. 158
14.2	電気インピーダンスと機械インピーダンス 159
14.3	インピーダンス制御のイメージ 161
14.4	インピーダンス制御の方法 164
	14.4.1 はじめに... 164
	14.4.2 力制御ベースのインピーダンス制御............ 164
	14.4.3 位置制御ベースのインピーダンス制御.......... 165
14.5	コンプライアンス制御 167

第15章 まとめ 171

15.1	ホイールダック2号@ホームの開発物語：総集編 . 172
15.2	マニピュレータの構造 177
	15.2.1 シリアルリンク構造とパラレルリンク構造..... 177

15.2.2 パラレルワイヤ駆動システム 179

15.2.3 腱駆動ロボット 179

15.3 受動歩行ロボット 181

15.4 ロボットの知能化 183

巻末付録   185

A.1 PID 制御を用いたより高精度な位置制御 185

A.1.1 PD 制御における摩擦の影響 185

A.1.2 PID 制御を使った摩擦補償 186

ブックガイド 191

おわりに 195

章末問題の解答例 197

索　引 207

マニピュレータを制御しよう

第 1 章

STORY

　スフィンクスを倒して研究所に帰ってきたホイールダック2号．しかし，想像以上に損傷は激しく，博士は思い切ってホイールダック2号の修復とパワーアップをすることにした．博士がホイールダック2号の修復を終えると，なんとホイールダック2号にはマニピュレータ（ロボットアーム）が付いていた．博士は言う「これからは家庭用ロボットの時代だよ，人を助けるためには腕1本くらいないとね」　家庭用ロボットとして進化したホイールダック2号＠ホームの誕生である！

図 1.1　改造によりマニピュレータ（ロボットアーム）が付き，ホイールダック2号＠ホームとして生まれ変わったホイールダック2号

1.1 ロボットとは何か？

1.1.1 アニメ・SF の中のロボット

ロボットといえば現実には産業用ロボットや，本田技研工業のアシモや，2000 年代初頭に SONY が販売していたペットロボット AIBO が存在する．しかし，多くの人が真っ先にイメージするロボットはガンダムだったり，ドラえもんだったり，ターミネーターだったり，いわゆる SF のロボットではないであろうか．

現代の多くの子供や大人のイメージの中にあるロボットは，学問としてのロボットでも技術としてのロボットでもなく，数多くのアニメや SF 作品を通して形作られてきたものであろう．特にアニメやゲーム文化が盛んな日本において，その傾向は顕著であると考えられる (図 **1.2**)．このようなアニメや SF 作品に登場する「ロボット」にはさまざまな形があり，広がりをもった概念である．この漠然としたロボットの概念は，注目する要素によって，い

図 1.2　アニメ・SF の中のロボット
(左上)　「アルドノア・ゼロ」ⒸOlympus Knights/Aniplex·Project AZ
(右上)　「機動戦士ガンダム」Ⓒ創通・サンライズ
(左下)　「機動警察パトレイバー REBOOT」
　　　　ⒸHEADGEAR/バンダイビジュアル・カラー
(右下)　「攻殻機動隊 STAND ALONE COMPLEX」タチコマ
　　　　Ⓒ士郎正宗・Production I.G/講談社・攻殻機動隊製作委員会

くつかの種類に分類することができる．例えば，自分で意思をもって行動する自律型と操縦者が操作する操作型に分類すると，前者はドラえもんや鉄腕アトム，後者はガンダムなどが分類されるだろう．また，移動の方法に注目すれば，ガンダムなどは2足歩行タイプ，ドローンは飛行タイプに分類されるだろう．

1.1.2 学問としてのロボット工学

図 **1.3** を見てほしい．SF アニメに登場するようなロボットを用いてロボット工学に必要な要素を表記してみた．これら必要な要素には情報工学，人間工学，機械工学，電気工学などの幅広い分野を含む．つまり，ロボット工学はさまざまな学問領域の集合体であるといえる．

例えば，ロボットの知能化に関することは情報工学に含まれ，人体の構造や動作を解析し，ロボットに適用することは人間工学に含まれる．また，ボディを設計したり実際に製作することは機械工学に含まれ，ロボットの関節内部に仕込まれているアクチュエータ[1]を開発することは電気工学に含まれる．また，腕や脚などの各要素間の信号通信技術は通信工学にかかわるし，電子回路の設計は電子工学にかかわるだろう．

ここで特に主張したいのは，「これらのロボット工学に必要となる多くの知識の根底にあるのは，基礎的な**数学**や**物理**である」ということである．ロボット工学において，数学と物理はまさに2つの脚そのものであり，建物で例えるならば建物を支えるコンクリートの柱である．

図 1.3　ロボット工学は横断的な学問

[1] 詳しくは6章で説明するが，簡単にいえばモータのこと．

1.1 ロボットとは何か？　**003**

本書はロボット工学の入門書の位置づけであり，比較的簡単な内容を取り扱う．それでも，高校や大学初等レベルの数学・物理は多用する．特に数学では微分・積分，ベクトル・行列，物理では力学，電磁気学などは重要となる．高校や大学初等レベルの数学・物理はロボット工学のみならず，他の工学分野でも基本的な知識であり，将来，技術者を目指す学生で，これらの習得に不安がある人はぜひともこれを機会に復習してほしい．

1.2 ロボットの要素技術とマニピュレータ制御

1.2.1 ロボットの要素技術

ロボット工学がさまざまな工学分野と横断的な関係をもつ分野であることはわかった．では，そのうえで，ロボット工学とはいったい何を学ぶのだろうか．一言で「ロボット工学」といっても，人によって学ぶ対象が異なる．

例えば，図 1.4 を見てほしい．この図ではロボットが移動し，物体を認識して腕を伸ばして，把持している．自律ロボットをつくるためにはロボットビジョンや移動方法や把持方法など，学ぶべき技術要素は多岐にわたる．

図 1.4　ロボットが移動し，物体を認識し，把持する様子

1.2.2 マニピュレータ制御

本書では主に 1 本のマニピュレータ制御に焦点を当てる．最終的には 1.4 節にて後述するホイールダック 2 号@ホームに取り付けられた 1 本の**マニピュレータ**をどのように**制御**するかを考えていきたい．ロボット工学の場合には，マニピュレータといえば，**図 1.5** のような，何かの作業を想定したロボットアームを意味する．マニピュレータとは英語の「manipulate（操作する・操る）」の派生語であり，直訳すれば「操作する人，操作する機械」などを意味する．

制御とは「制」と「御」の 2 つの文字から作られている熟語である．それぞれの漢字の意味を考えてみよう．はじめに「制する」とは，例えば暴漢が街で暴れ回っていたとき，警察官が取り押さえ，暴漢の行動の自由を奪ったりするときに用いる．スポーツの試合などでも「対戦相手を制する」といえば，対戦相手の動作を封じて，自分に有利な展開で試合運びを行っている様子がイメージできる．これに対して，「御する」とは「相手を自分の思い通りに操作する」という意味である．つまり，制御とは対象とするモノの動きを制し，自分の思い通りに動かすことである．ロボットのみならず，電車・飛行機などの機械の物理量（位置や速度など）を，希望する状態にすることを「制御」という．制御を英語でいえばcontrolである．

つまり，マニピュレータ制御とは，ロボットアームの物理量（例えば，関節角度や関節速度，手先の位置，手先の発生力など）を望みの物理量にコントロールすることであり，本書では「1 本のロボットアームをコントロールすること」を目的としている．読者の中には，本書の目的が単に 1 本のロボットアームの制御ということで，いささか拍子抜けした読者もいるかもしれな

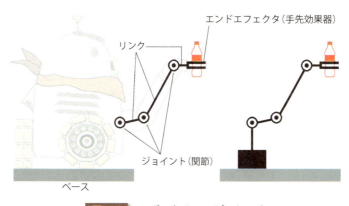

図 1.5　ロボットのマニピュレータ

い．もしかしたら「人間型2足歩行とかもっと派手なの」を想像していたのかもしれない．しかし，考えてみてほしい．1本のマニピュレータを確実に制御できずして，2本の足（脚）は制御できないし，複数の指をもつロボットハンドは制御できない．逆に，2本のマニピュレータをロボットの足に見立てれば，2足歩行ロボットとなり，4本のマニピュレータを2つの足と2つの腕に見立てれば，人間型ロボットともみなせる．つまり，1本のマニピュレータを確実に制御できなければ，より上位にある高度なロボットの制御は不可能なのである．そういう意味では，マニピュレータ制御の方法を学ぶことは，ロボット工学における基礎なのである．

1.3 ロボット工学の基礎知識

1.3.1 システム

ロボット工学における基礎的な専門用語のいくつかを解説しよう．はじめに，**システム**という言葉について説明する．システムは日本語では**系**という言葉を用い，ある要素のまとまりのことを指す．例えば，自動車の場合では，本体はエンジン，ボディ，タイヤなどから構成され，自動車そのものが1つのシステムと考えることができる．

1.3.2 マニピュレータの構成要素

次に，マニピュレータの一般的な構成要素について説明する．図1.5のような産業用ロボットなどでよく見かけるマニピュレータを考えよう．一般にマニピュレータの先端には，ロボットハンドなどの何か作業するような部分が存在する．これを**エンドエフェクタ**（**手先効果器**）という．この図の例ではハンドであるが，例えば，産業用ロボットにおいては吸着パッドだったり，スポット溶接のための溶接ガンや金属加工のためのエンドミル[2]だったりする．

また，人間の関節に相当する部分は，そのまま**関節**と呼ばれたり，**ジョイント**と呼ばれる．この関節と関節の間にある腕の棒状の部分を**リンク**という．リンクとは「繋ぎとめる（もの）」や「連結する（もの）」などの意味があり，ロボット工学では関節と関節の間を連結させているものを指す．

通常，マニピュレータの内部には，**図1.6**のように**アクチュエータ**とセン

---

[2] 工作機械の切削工具の1種．簡単にいえばドリルのような形状をしているもの．

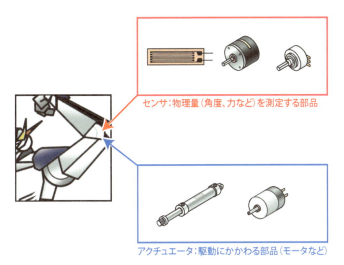

図 1.6 ロボットのアクチュエータとセンサ

サと呼ばれる部品が組み込まれている．アクチュエータとは駆動にかかわる部品であり，ロボット工学の世界では，いわゆるモータに相当するものやモータを含む駆動機構全体を指す．一方，センサとは関節角度や手先位置，速度，加速度，温度などの物理量を計測する部品である．

ロボット用のアクチュエータやセンサにはさまざまな種類が存在し，その特性もさまざまである．実際にロボットを設計する場合では，ロボットの目的の仕様に合わせてそれらを選定する必要があり，既存のロボットを使用する場合には搭載されたアクチュエータやセンサの特性を理解したうえで，目的の動作を決めなくてはならない．アクチュエータとセンサに関しては6章と7章で詳しく取り扱う．

1.3.3 フィードフォワード制御とフィードバック制御

フィードフォワード制御とフィードバック制御の概念について，暖房機器の例を用いて解説しよう．今，冬の寒い2つの部屋に**図 1.7**(a) のように昔ながらの石油ストーブと，(b) のように最新のエアコンがあるとする．最初に図 1.7(a) の石油ストーブの例を考える．この場合には灯油を燃焼させて室内温度を温める．一度スイッチを入れて暖房を開始すると，人間が燃焼量を手動で調節しない限りは，周りの温度に関係なく，ひたすら一定の燃焼量で暖房し続ける．この場合では，実際の室内温度を燃焼量に反映していない．このような方法も温度制御の1つであるが，図 1.7(a) の右図のように信号が左から右へ前方方向（フォワード）にしか進んでいない．このような制御法を

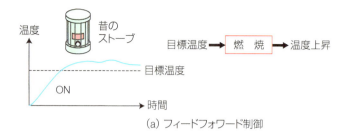

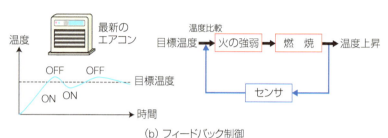

図 1.7 フィードフォワード制御とフィードバック制御

フィードフォワード制御という．

　一方，図 1.7(b) の最新のエアコンでは目標温度をある値に設定する．例として目標温度を 28 度としよう．暖房運転を開始した際には，このエアコンでは室内温度を温度センサで計測し，室内温度と目標温度（28 度）とを比較する．もし，室内温度が目標温度より低ければ暖房運転を継続する．一方，室内温度が目標温度より高くなった場合は，暖房運転を停止（もしくは緩やかに）する．こうすることで温度の低い室外より部屋は冷やされ，室内温度が下がる．そして，再び室内温度が目標温度より低くなれば，暖房運転を再開する．この例ではセンサにより計測された物理量（温度）と目標値とを比較し，その比較結果を用いて，出力（暖房運転）を制御している．図 1.7(b) の右図のように計測された物理量の情報が目標値との比較のために戻されている（バックしている）ので，このような制御法を**フィードバック制御**という．

　一般的には，フィードバック制御のほうがフィードフォワード制御より精度の高い制御が可能である．ただし，フィードバック制御を行うには，センサなどの部品点数が増え，コストが増加する．また，センサに故障が生じた場合などにはシステムの故障や暴走などの危険性が増すという欠点がある．一方，フィードフォワード制御のほうが精度は悪いが，部品点数が少なく，コストを抑えることができる．また，故障や暴走が少ないなどの利点がある．これらの 2 つの制御手法はどちらが上か下かなどの優劣はなく，状況に応じて

使い分けられている．また，実際には2つの制御を組み合わせてシステム全体を制御する場合も多く存在する．

1.4 ホイールダック2号@ホームと学ぼう！

1.4.1 ホイールダック2号@ホームのストーリー

　全体のストーリーは各章扉のSTORYで徐々に明らかにしていくが，ここでは大筋のみ明らかにしておこう．ホイールダック2号は前作『イラストで学ぶ人工知能概論』の冒険にて，見事，当初の目的であるスフィンクスを倒し，無事に研究所に帰還した．しかし，想像以上に損傷は激しく，ホイールダック2号は博士から修復とパワーアップを施された．そう，パワーアップとはマニピュレータの増設である．これが，本書での主人公「ホイールダック2号@ホーム」である．

　そして，今回は家庭用ロボットとして，マニピュレータを駆使してさまざまな作業を手伝っていく．要求される作業も最初は簡単なものであるが，徐々に複雑なものとなっていくのである．

1.4.2 ホイールダック2号@ホームのスペック

　『イラストで学ぶ人工知能概論』を未読の読者もいるので，ここでホイールダック2号@ホームのハードウェアの設定について述べておこう．内容はあくまで本書でホイールダック2号@ホームを「育て」ていくうえで，読者がリアリティをもつための設定資料であるので，ここは読み飛ばしても構わない．

　まずは，改造前のホイールダック2号について簡単に説明しよう．**図1.8**

図1.8　ホイールダック2号の改造ビフォア・アフター

（左）を見てほしい．ホイールダック 2 号は車輪により移動するロボットである．アヒルに似ているがためにホイールダックと名付けられた．脚部には左・右・後ろに 3 つのオムニホイールが装備されている．オムニホイールとは，円周方向に自由に回転することのできる樽状の小さなリングが複数装着されている車輪であり，通常の車輪のように前後に回転するだけでなく，車体を左右方向にも自由に動かすことができる．ホイールダック 2 号はオムニホイールを 3 つ装着することで，旋回運動と前後左右の並進移動ができるようになっている．

　ホイールダック 2 号の頭部には漏斗状の 360 度のミラーが備わっており，ミラー下のカメラにより 360 度全方位の画像を取得することができる．しかし，360 度カメラは広い範囲の画像を取得するために，どうしても解像度が悪くなる傾向がある．そこで，目の前にある物体の画像認識や距離計測などを目的にし，人間の目にあたる部分に高精度 CCD カメラが 2 基装備されている．

　体内には高性能な計算機が備え付けられており，長時間運用のためのリチウムイオンバッテリが最下部に装着されている．左右の両手のように見えるものは手ではなく，給排気口のフタである．これの内部には大型のファンが取り付けられており，計算機やモータから出る熱を放出することができる．頭部の髪の毛のようなものは無線用のアンテナである．首には赤いマフラーが付けられているが，これはただの飾りである．ホイールダック 2 号は音声認識と音声合成を行うことが可能であり，音声合成した結果を発声するために，口部にスピーカーが取り付けられている．

　そして，上述したホイールダック 2 号のハードウェアをもとに，本書では新たに図 1.8(右) のようにマニピュレータが増設されている．このマニピュレータは 2 本のリンクと 2 つの回転関節をもつ．関節部にはアクチュエータとセンサが内蔵され，それらを用いて運動を制御する．また，マニピュレータの先端には簡易的なハンドが取り付けられている．そう，ホイールダック 2 号@ホームの誕生である．

　なお，マニピュレータ以外にも背中にはバックパックが増設されている．バックパックの中にはリチウムイオンバッテリが増設されており，従来のホイールダック 2 号よりも駆動時間が増している．このバックパックはマニピュレータのカウンターウェイト[3] も兼ねており，転倒防止に役立っている．詳細設定については各章で少しずつ説明していく．

---

[3] バランスをとる「おもり」の役目をするもの．

本書では上記のようなハードウェアをもっていることを前提として，ホイールダック2号@ホームがしっかり活躍できるようにマニピュレータ（ロボットアーム）の制御を実装していくのである．

まとめ

- ロボット工学には，他の多くの工学分野の横断的な知識を必要とする．
- ロボットのマニピュレータはエンドエフェクタ，センサ，アクチュエータ，リンクなどから構成される．
- フィードバック制御では，計測された物理量の値と目標値とを比較し，その比較結果を用いて出力値を変化させる．

① ロボット工学において数学と物理がどのように活かされるかを考察し，説明せよ．

② ロボットのマニピュレータに関して，エンドエフェクタ，センサ，アクチュエータ，リンクについて，それぞれどのようなものか簡単に説明せよ．

③ フィードフォワード制御とフィードバック制御の違いについて説明せよ．

④ フィードフォワード制御において，それが実際に用いられている具体的な例を3つ挙げよ．

⑤ フィードバック制御において，それが実際に用いられている具体的な例を3つ挙げよ．

基本的な制御 (並進系)

第2章

STORY

博士にマニピュレータ（ロボットアーム）を新たに付けてもらったホイールダック2号は研究所の中で動いてみることにした．しかし，思ったように動けない．そう，マニピュレータを付けたことでホイールダック2号の重さや形が変わってしまい，これまでと同じようにはオムニホイールで思い通りに体を前後に動かせなくなっていたのだ．助手「博士，これは移動制御機構からのチューニングのやり直しですね！」博士「助手君，ここはきみに任せるよ！」助手「あ…はい」　ホイールダック2号はちゃんとまた動けるようになるのだろうか．

図 2.1　改造により重さが変わり，うまく前後に移動できないホイールダック2号

2.1 並進系の力学

2.1.1 物理と微分・積分

マニピュレータの制御を考えるうえで，基礎的な**物理**の知識（特に力学の知識）は必要不可欠である．そもそも「物理」とは物の 理 を探求する学問である．「ことわり」とは，道理や理由，仕組みなどの意味である．物理の力学分野とは，「物体に力を加えると，どのような運動をするか．もしくは，物体に特定の運動をさせるにはどのような力を与えればよいか」などの理を知る学問なのである．

マニピュレータの制御では目標の手先位置や関節の運動を実現をするために，どのような力（もしくは 3 章で説明するトルク）をアクチュエータに発生させるべきか，もしくはアクチュエータに力（もしくはトルク）を与えた際に，結果的にどのような運動を生じるのかを知る必要がある．その基礎をなす学問が力学である．

物理における力学をしっかり理解するには数学の知識，特に微分と積分の知識が必要となる．しかし，高校で習う物理の力学では微分・積分との関連性を説明していない．そこで本章では基礎的な力学を微分・積分の知識を交えて，これらの関係を補足しておく．

今，変数 p があったとして，この値が時間 t [s] に従って変化する場合[1]のみ $p(t)$ と表記する．ただし，場合によっては簡略化して，単に p と表記することもある．

次に時間 t での微分について説明する．変数 $p(t)$ に対し時間 t で 1 回（1階）微分する場合，$dp(t)/dt$ の表記を省略し，

$$\frac{dp(t)}{dt} = \dot{p}(t)$$

のように変数 $p(t)$ の上に点（ドット）を 1 つ加えて表記する．さらに，変数を時間 t で 2 回（2階）微分する場合にはドットを 2 つ付けて以下で表現する．

$$\frac{d^2p(t)}{dt^2} = \ddot{p}(t)$$

この表現は本書では多用するので，ぜひとも覚えてほしい．また，登場する変数の物理量については，特に断りのない限り SI 単位を用いる[2]．

---

[1] 時間を表す変数 t は英語の time に由来する．また，時間の単位を示す「秒」は英語で second といい，その頭文字をとって [s] で表記される．

[2] SI 単位とは国際単位のこと．時間を秒，長さをメートル，質量をキログラム，力をニュートン，圧力をパスカルで表すなど，世界共通で用いられる単位のこと．

014 [第 2 章] 基本的な制御（並進系）

2.1.2 微分と速度・加速度

今，質量 m [kg] の物体[3]が移動を行っており，基準点からの距離を $x(t)$ [m] とする．このとき物体の回転は考えない．このような運動を**並進運動**と呼び，並進のみを考えたシステムを並進システムや並進系という．ここで，この物体の運動を**図 2.2**(a) のように縦軸に距離 $x(t)$ [m]，横軸に時間 t [s] をとってグラフにする．ある時間 t において微小時間 dt の間に移動した距離を dx とする．このとき**速度** $v(t)$ は傾き dx/dt で表される[4]．

ここでいう微小時間 dt というのは，数学的には無限に小さい時間幅（ただしゼロではない）であるが，少し話を簡単にするために，ほどほどに短い時間幅 Δt で説明してみよう（$dt \fallingdotseq \Delta t$）．そして，その時間で移動した距離を Δx としよう（$dx \fallingdotseq \Delta x$）．仮に $\Delta t = 0.1$ [s] として，この 0.1 秒間に移動した距離を $\Delta x = 0.3$ [m] とする．このとき，この 0.1 秒間の**平均速度**は 3 [m/s] であるが，これは傾き $\Delta x / \Delta t$ を計算していることと等価である．これが時間微分による速度計算の基本的な概念である．単位に注目すると，速度の単位である [m/s] は，文字通り距離 [m] を時間 [s] で割ったことを意味する．このような単位計算は物理では極めて重要な意味をもつ．

$\Delta x / \Delta t$ はあくまでも時間幅 Δt の平均速度であり，ある時間 t における厳密な速度を求めるには，時間 t における距離 $x(t)$ の傾き（接線）を求める必要がある．つまり，厳密な速度 $v(t)$ [m/s] は微小時間 dt における移動距離 dx を用いて，傾き dx/dt で求められる．したがって，運動中の物体の速度 $v(t)$ [m/s] は距離 $x(t)$ を時間 t で微分し，

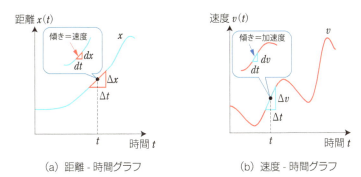

(a) 距離 - 時間グラフ　　　　(b) 速度 - 時間グラフ

図 2.2　距離の時間微分と速度の時間微分

---

[3] 質量は英語で mass というので，記号は m とすることが多い．
[4] 速度を英語で velocity という．速度の v は velocity に由来する．

$$v(t) = \frac{dx(t)}{dt} = \dot{x}(t) \tag{2.1}$$

で表現できるのである.

次に,この議論を**加速度**に拡張しよう.図 2.2(b) のように,縦軸に速度 $v(t)$,横軸に時間 t をとったグラフを考える.このとき,先ほどの速度のときと同様に,短い時間 $\Delta t = 0.1$ [s] を考え,この 0.1 秒間に生じた速度変化を Δv とし,例えば $\Delta v = 0.5$ [m/s] としよう.このとき,**平均加速度**は傾き $\Delta v(t)/\Delta t$ で表され,今回の場合では 5 [m/s^2] となる [5].したがって,時間 t における厳密な加速度 $a(t)$ [m/s^2] は速度 $v(t)$ [m/s] をさらに時間 t で微分することで,以下のように得ることができる [6].

$$a(t) = \frac{dv(t)}{dt} = \dot{v}(t) \tag{2.2}$$

式 (2.1) より速度 $v(t)$ は距離 $x(t)$ を時間 t で 1 回微分して求められることから,加速度 $a(t)$ は距離 $x(t)$ を時間 t で 2 回(2 階)微分して求めることができる.

$$a(t) = \frac{dv(t)}{dt} = \frac{d}{dt}\frac{dx(t)}{dt} = \frac{d^2x(t)}{dt^2} = \ddot{x}(t) \tag{2.3}$$

これらの関係を**図 2.3** に示す.この図では,ホイールダック 2 号が力 f を受けて並進運動をしている.時間 t の微分を介して,距離 x →速度 $\dot{x}$ →加速度 $\ddot{x}$ の関係があることがわかる.

---

[5] 速度 [m/s] をさらに時間 [s] で割っているので,加速度の単位は [m/s^2] となる.
[6] 加速度を英語で acceleration という.加速度の a は acceleration に由来する.

[第 2 章] 基本的な制御(並進系)

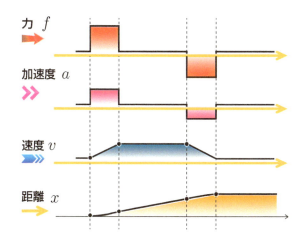

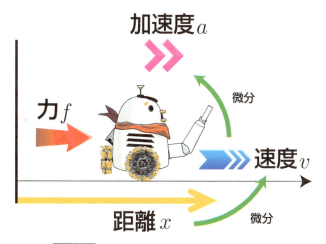

図 2.3 並進運動の距離・速度・加速度・力

2.1.3 積分と速度・加速度

次に，これまでの計算の逆関係を考えよう．図 **2.4**(a) に示す速度–時間グラフにおいて，今，物体が時間 $0 \leq t \leq 2$ [s] で速度 $v_1 = 2$ [m/s] となり，その後，$2 < t \leq 5$ [s] の間に速度 $v_2 = 5$ [m/s] となったとしよう．ただし，時間 $t = 0$ において $x(0) = 0$ とする．このとき，時間 $0 \leq t \leq 5$ [s] の間に移動した距離 x は

$$x = (2 \text{ [m/s]} \times 2 \text{ [s]}) + (5 \text{ [m/s]} \times 3 \text{ [s]}) = 4 + 15 \text{ [m]} = 19 \text{ [m]}$$

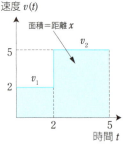
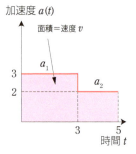

(a) 速度 - 時間グラフ　　(b) 加速度 - 時間グラフ

図 2.4　速度の時間積分と加速度の時間積分

であることは容易に理解できよう．上式は図 2.4(a) において，時間 t と速度 v で囲まれた面積であり，以下の式と等価である．

$$x = \int_0^2 v_1 dt + \int_2^5 v_2 dt = [2t]_0^2 + [5t]_2^5 = 19 \, [\mathrm{m}]$$

ここでは，簡単な例で説明したが，速度 v をその移動に要した時間 t で積分し，面積を計算すると，その時間で移動した距離 x となる．

次に，この積分の概念を加速度 a に拡張してみよう．図 2.4(b) のように加速度–時間グラフの並進運動を考えよう．物体の加速度 $a(t)$ が時間 $0 \leq t \leq 3$ [s] において $a_1 = 3 \, [\mathrm{m/s^2}]$，$3 < t \leq 5$ [s] において $a_2 = 2 \, [\mathrm{m/s^2}]$ となっている．この運動において，時間 $t = 0$ [s] において，$v(0) = 0$ [m/s] とする．加速度 a は 1 秒あたりの速度変化を示すから，時間 $t = 5$ [s] における速度 v は以下のようになる．

$$\begin{aligned} v &= (3[\mathrm{m/s^2}] \times 3[s]) + (2[\mathrm{m/s^2}] \times 2[s]) = 9 + 4 \, [\mathrm{m/s}] \\ &= \int_0^3 a_1 dt + \int_3^5 a_2 dt = [3t]_0^3 + [2t]_3^5 = 13 \, [\mathrm{m/s}] \end{aligned}$$

このように加速度–時間グラフの場合では，時間 t と加速度 a で囲まれた面積が速度 v となる．

今回は単純な例で説明したが，一般に距離 $x(t)$ は速度 $v(t)$ を時間 t で積分し，速度 $v(t)$ は加速度 $a(t)$ を時間 t で積分して，以下のように求めることができる．

$$v(t) = \int_{t_s}^{t_e} a(t) dt + v_s$$

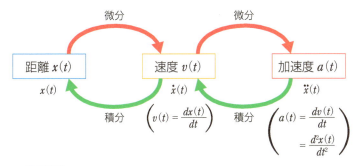

図 2.5 並進系における距離・速度・加速度と微分・積分の関係

$$x(t) = \int_{t_s}^{t_e} v(t)dt + x_s$$

なお $t = t_s$ は運動が始まった時間，$t = t_e$ は運動が終了した時間であり，v_s と x_s はそれぞれ $t = t_s$ における初期速度と初期位置である．

上式は，式 (2.1)〜(2.3) を時間 t で積分して得られ，逆関係と考えることができる．速度 $v(t)$ や加速度 $a(t)$ は距離 $x(t)$ の微分方程式で表され，この微分方程式を時間 t について積分して解くことで，その解である距離 $x(t)$ や速度 $v(t)$ を求めることができる．これらの関係をまとめたものが**図 2.5** である．

2.1.4 自由落下の公式と微分・積分

質量 m の物体に力 $f(t)$ が加わった際の関係式は以下で表される．

$$f(t) = ma(t) = m\ddot{x}(t) \tag{2.4}$$

式 (2.4) において，力 $f(t)$ を受けて加速度 $\ddot{x}(t)$ で加速した物体は，速度 $\dot{x}(t)$ を変化させ，結果的に移動距離 $x(t)$ を変化させる．

今，例として**図 2.6** のような自由落下を考えてみよう．この例では質量 m のホイールダック 2 号が時間 $t = 0$ [s] のときに速度 $v(0) = 0$ [m/s] の状態で $x(0) = 0$ [m] の地点から自由落下する．なお，この例では x 軸は重力を受ける鉛直下向きを正方向とする．ホイールダック 2 号に作用する力は重力のみであり，重力より一定の加速度（重力加速度）を受ける．この場合では，重力加速度を g [m/s^2] とすれば重力は mg [N] で与えられる．このとき，高校の教科書では公式として以下の式が与えられる．

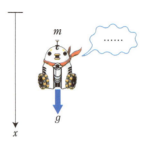

図 2.6 物体の自由落下

$$a = g \tag{2.5}$$
$$v(t) = gt + v_0 \tag{2.6}$$
$$x(t) = \frac{1}{2}gt^2 + v_0 t + x_0 \tag{2.7}$$

上式において v_0 は初速度，x_0 は初期位置である．今回の場合では $v(0) = 0$，$x(0) = 0$ であるから，$v_0 = x_0 = 0$ となる．

ここで図 2.5 に示した微分・積分と照らし合わせてみると，確かに式 (2.7) の距離 $x(t)$ を時間 t で微分し，dx/dt を計算することで，式 (2.6) の速度 $v(t)$ を導出できる．さらに速度 $v(t)$ を時間微分し，$dv/dt = d^2x/dt^2$ を計算することで，式 (2.5) の加速度 a が計算できるのがわかるだろう．逆に，式 (2.5) の加速度 a を時間 t で積分すれば，式 (2.6) が得られ，さらに速度 $v(t)$ を時間 t で積分すれば，式 (2.7) が得られるのである．

このように，多くの人が暗記したであろう物理の公式 (2.5)〜(2.7) は微分・積分の考えを使うことで，その本質が理解できる．ただし，自由落下の場合では加速度が一定であり，計算が非常に容易であるが，一般的な運動では必ずしも加速度が一定とならないことに注意が必要である．

2.2 並進運動における P 制御

2.2.1 P 制御の考え方

本章では，これまで予備的な力学の知識を復習してきた．いよいよ基礎的なロボットの制御にチャレンジしよう．本書では，ホイールダック 2 号に増設されたマニピュレータの制御にチャレンジするのだが，本章では，もう少し簡単な制御に関して話を進めてみよう．

今,図 **2.7** のように,通路沿いに x 座標が存在し,ホイールダック 2 号が並進運動を行うものとする.ホイールダック 2 号の位置は $x(t)$ とし,距離センサによりリアルタイム計測が可能[7]とする.ここで以下の問題を考えてみよう.

> **問題(並進系の制御)**
>
> 図 2.7 において,ホイールダック 2 号のホイールを駆動させることで力 f を与えて並進運動を行い,ホイールダック 2 号の位置 $x(t)$ を目標位置 $x = x_d$ に移動させて停止させたい.このとき,力 f をどのように与えればよいか.ただし,x_d は定数とし,時間 $t = 0$ [s] のとき,ホイールダック 2 号は $x(0) = 0$ かつ $\dot{x}(0) = 0$ で静止した状態であるとする.また,ホイールダック 2 号と通路には適度な摩擦が存在すると仮定する[8].

図 2.7　並進運動の位置制御

このようにロボットの本体やマニピュレータの手先位置をある特定の位置に制御することを **位置制御** や位置決め制御という.この問題に対し,直感的な制御方法は,以下のような条件文[9]で表されるだろう.

---
[7] リアルタイム計測とは,運動中のその瞬間瞬間において情報を計測すること.
[8] 摩擦の定義については,現時点では少しあいまいにしておく.詳しくは,2.3.1 節や巻末付録にて解説する.
[9] 条件文とは例えば「もし A の状態のときは B せよ」のような命令文のことである.

$$f = \begin{cases} F & (x(t) \le x_d) \\ -F & (x(t) > x_d) \end{cases} \qquad (2.8)$$

上式において F は定数とする．この方法では「ホイールダック 2 号の現在位置 $x(t)$ が目標位置 x_d より左にあるときには右方向に力（F）を発生させ，逆に $x(t)$ が x_d の右にいるときには左方向に力（$-F$）を発生させる」．この制御法は**バンバン制御**とも呼ばれる**非線形制御**の 1 つである [10]．

しかし，ホイールダック 2 号に与える力 f が $x = x_d$ を境に，プラスマイナスに大きく切り替わることは，不連続なスイッチングによる騒音や振動といった問題点が生じる．また，このようなスイッチングはモータや電気・電子回路の負荷を増し，故障の頻度も増加させる．さらに，本書で後述するような力制御やインピーダンス制御などのより高度な制御への拡張ができない．

そこで，式 (2.8) とは別の方法として，**P 制御**という制御法を考えよう．P 制御は 2.3 節で後述する PD 制御の根幹となる制御法である．P 制御の P は英語の$\overset{\text{プロポーション}}{\text{proportion}}$に由来し，比例を意味する．そこで，P 制御のことを**比例制御**ともいう．P 制御では力 f を次式で与える．

$$f = K_p(x_d - x(t)) \qquad (2.9)$$

ここで K_p は正の定数である．仮定より，ホイールダック 2 号の位置 $x(t)$ は距離センサよりリアルタイムに計測されている．この方法では比例定数 K_p を用いて，目標位置と現在位置の差 $(x_d - x(t))$ に比例した力 f を与える．

ロボット工学や制御工学などでは，この目標値と現在値の差のことを**誤差**と呼ぶこともある．今，誤差を X_e で表し，$X_e = x_d - x(t)$ とする．すると，式 (2.9) は

$$f = K_p X_e$$

と書き直すことができる．上式をどこかで見かけたことはないだろうか．そう，バネの力を表す**フックの法則**である．フックの法則ではバネ定数 k のバネに発生する力 f とバネの伸び x の関係を $f = kx$ で表現する．つまり，式 (2.9) の P 制御では，**図 2.8**(a) のように仮想的なバネの力 [11] を力 f としてホイールダック 2 号に与えているのである．

---

[10] 式 (2.9) のように比例の関係にもとづいた制御を線形制御といい，そうでないものを非線形制御という．式 (2.8) の制御では比例の関係を用いていないために非線形制御となる．一般に線形制御に比べて非線形制御のほうが解析が難しい．

[11] この仮想的なバネは自然長がゼロとなる．

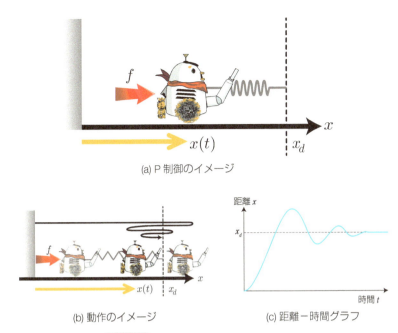

(a) P制御のイメージ

(b) 動作のイメージ (c) 距離−時間グラフ

図 2.8 並進運動の P 制御のイメージ

2.2.2 P 制御の動作

P 制御によりホイールダック 2 号に力 f を与えたとき，結果的に生じるホイールダック 2 号の動きを考えてみよう．このときの動きをイメージで示したのが図 2.8(b) である．また，図 2.8(c) は，縦軸を距離 x で横軸を時間 t として，この動きをグラフで表したものである．ホイールダック 2 号は時間 $t = 0$ のときに初期位置 $x = 0$ からスタートし，バネの動きのように左右に動きながら，時間が経つにつれ徐々に $x = x_d$ に収束していく[12]．

さて，式 (2.9) の比例定数 K_p はフックの法則におけるバネ定数 k に相当するが，仮想的なバネであるため，K_p の値はある程度自由に決められる．**図 2.9** のように，K_p が大きい場合には硬いバネになり，強い力 f を発生し，勢いよく速いスピードで目標値に動いていき，大きく振動しながら減衰していく．一方，K_p が小さければ柔らかいバネとなり，勢いが小さくスピードは遅いが，振動が少なくなる．

このように，比例定数 K_p の値を調節することで仮想的なバネの強さを変え，結果としてホイールダック 2 号の運動特性を変化させることが可能とな

---

[12] 摩擦が存在しない場合には振動を繰り返して（単振動）目標位置に収束しない．今回の場合には，適度な摩擦を仮定しているために目標位置に収束する．

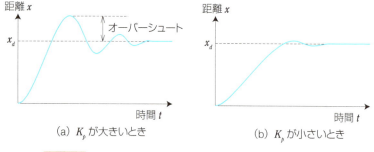

図 2.9 P 制御の比例ゲイン K_p の大小による運動の変化

る．P 制御において，この調節可能な比例定数 K_p のことを**比例ゲイン**と呼ぶ．P 制御では，式 (2.8) の先述したバンバン制御に比べて，$x = x_d$ を境に，力 f の正負の変化が不連続とならない．

再び，図 2.9(a) を見てみよう．この図では，距離 x が，目標位置 x_d を超えて振動している．この目標値を超えた部分を**オーバーシュート**という．今回の例では，オーバーシュートの大きさは比例ゲイン K_p の値以外にもホイールダック 2 号の質量や通路との摩擦などの影響を受ける．比例ゲイン K_p は自分で決めた仮想的なバネ定数なので，ある程度は自由に変更できる数値であるが，ホイールダック 2 号の質量や通路との摩擦などはなかなか変更ができないという特徴がある．一般にロボットの位置制御を行う場合には，できるだけ短時間に目標位置 x_d に収束させ，かつ，できるだけオーバーシュートを取り除きたい．そこで，比例ゲイン K_p を調整して，この 2 つの要求を同時に満足させたい．

しかし，図 2.9(a) のように比例ゲイン K_p を大きくすると，運動のスピードは速いが，オーバーシュートが大きくなるために，目標位置に収束するまでに時間がかかる．一方で図 2.9(b) のように K_p を小さくすると，オーバーシュートが小さくなるが，運動のスピードが遅く，目標位置に到達するまでに時間を要するというジレンマ（板挟み）が生じる．この問題点の解決策として登場するのが，次に紹介する PD 制御である．

2.3 並進運動における PD 制御

2.3.1 ダンパ（減衰器）とは

PD 制御は P 制御に仮想的な**ダンパ**（**減衰器**）という要素を加えたもので

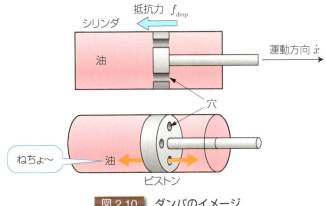

図 2.10 ダンパのイメージ

ある.まずはダンパについて説明しよう.ダンパとは機械要素の一種であり,**図 2.10** のように,シリンダ内部に油などの非圧縮性[13]の粘性流体を満たし,ピストンを外部から動かす機構である.ピストンには穴が開いており,ピストンが動くことで内部の粘性流体がピストンの内側と外側を移動する.このとき,イメージとしては「ねちょ～」と油が移動する.これが抵抗力となり,シリンダの運動にブレーキをかける.

一般にダンパは,ピストンの運動速度 $v = \dot{x}$ に比例した抵抗力を生じると考えることができる.運動方向を正にとれば抵抗力 f_{dmp} は運動の逆方向に作用するので,以下のように表すことができる.

$$f_{dmp} = -\mu v = -\mu \dot{x} \tag{2.10}$$

ここで,μ を粘性係数と呼ぶ.同じ速度であれば μ が大きいほど抵抗力(ブレーキ力)も大きい.実際のダンパでは μ は内部の油の粘性やピストンの穴の大きさなどに左右される.このような速度に比例するブレーキの特性を**粘性摩擦**という.ダンパは速度に応じた抵抗力が生じるため,速い運動のときには大きなブレーキ力を出して大きく運動速度を抑制し,逆に遅いときには小さなブレーキ力であまり運動速度を抑制しない.このようなダンパは,実際にドアや窓の開閉を滑らかにするために設置されたり,自動車のサスペンションなどに用いられている.

このダンパの概念を身近な現象で理解してみよう.ダンパを直感的に理解するには,**図 2.11** のようにお風呂の中で手を動かしてみると,同様の抵抗力を体験できる.お風呂に入り,お湯に浸かったとき,手のひらを指と指の

---

[13] 圧力を加えても体積が変化しない特性のこと.このような流体を非圧縮性流体と呼ぶ.一方,空気などは圧力を加えると体積を変化させる.このような流体を圧縮性流体と呼ぶ.

図 2.11 お風呂で感じるダンパ効果

間を空けて大きくパーに開き，最初は水中で手をゆっくり左右や上下に動かしてみよう．次に動かすスピードを増してみよう．手のスピードを増していくと水の抵抗力が増加するのがわかるだろう．今度は，手の指と指の間を閉じた状態で同じように水中で動かしてみよう．指を閉じた状態では，運動中に水が指の間をすり抜けないために，指を開いた状態より大きな抵抗力を感じるだろう．この「指を開いた状態」が μ が小さい場合，「指を閉じた状態」が μ が大きい場合といえる．

2.3.2 並進運動の PD 制御

話を 2.2.1 節のホイールダック 2 号の位置制御問題に戻そう．位置制御に P 制御だけを用いた場合には，バネ定数を意味する比例ゲイン K_p を変化させても，「オーバーシュートを小さくする要求」と「目標位置に収束する時間を短くする要求」を同時に満足することが難しかった．

そこで，式 (2.10) を参考に仮想的なダンパを考え，それを式 (2.9) の P 制御に組み合わせて，ホイールダック 2 号に与える力 f を次式で与えよう．

$$f = K_p(x_d - x(t)) - K_v \dot{x}(t) \qquad (2.11)$$

これが PD 制御であり，イメージで示したものが**図 2.12** である．式 (2.11) の第 2 項は仮想ダンパであり，K_v は式 (2.10) の粘性係数 μ に相当する．この K_v を**速度ゲイン**や**微分ゲイン**と呼び，速度に比例したブレーキ力の大きさを表す係数である．速度は距離の時間微分であり，英語で微分のことを derivation ということから，比例・微分制御，すなわち PD 制御と呼ぶので

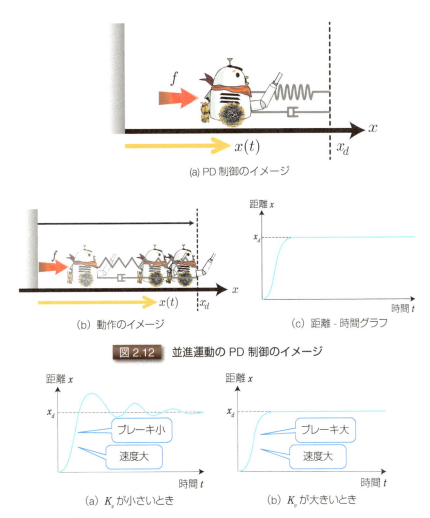

(a) PD 制御のイメージ

(b) 動作のイメージ

(c) 距離 - 時間グラフ

図 2.12 並進運動の PD 制御のイメージ

(a) K_v が小さいとき

(b) K_v が大きいとき

図 2.13 PD 制御の速度ゲイン K_v の大小による運動の変化

ある.

PD 制御をホイールダック 2 号に実装する場合には,ハードウェアが許容する範囲で,比例ゲイン K_p と速度ゲイン K_v の値は自由に決めることができる.そして,これらの値を変えることで,**図 2.13**(a)(b) のように結果的に運動が変化する.つまり,仮想バネの強さである K_p と仮想ダンパの強さである K_v の値を上手に決めることで,図 2.13(b) に示すように,素早くかつオーバーシュートせずに目標位置に収束することができる.このようにゲインを変化させ,運動を調節することを**ゲインチューニング**という.ゲインの

値の決め方にはいくつかの方法が存在する[14].

なお，PD 制御をさらに拡張した制御法として，**PID 制御**がある．PID 制御は摩擦の影響を受けるシステムでも高精度の位置制御が可能となる．この PID 制御については巻末付録にて解説する．

この PD 制御を用いることで，ホイールダック 2 号の並進運動において目標位置への制御が可能となるのだ．

まとめ

- 並進運動において，距離 x を時間微分を介して，距離 x →速度 $\dot{x}$ →加速度 $\ddot{x}$ が計算できる．逆に，時間積分を介して，加速度 $\ddot{x}$ →速度 $\dot{x}$ →距離 x と計算できる．
- 位置制御である P 制御は，仮想バネを利用している．
- ダンパ（減衰器）は速度に比例した抵抗力を発生させる．
- PD 制御は仮想バネと仮想ダンパを組み合わせた制御法である．

---

❶ 時間 t に対し距離 $x(t) = 2t^3 + 6t^2 + 5t$ [m] で並進運動している物体がある．この物体の時間 t における速度 $v(t)$ [m/s] と加速度 $a(t)$ [m/s^2] を求めよ．

❷ 時間 t に対し速度 $v(t) = 5t^3 + \cos \pi t$ [m/s] で並進運動している物体がある．この物体の時間 t における距離 $x(t)$ [m] と加速度 $a(t)$ [m/s^2] を求めよ．ただし，初期時間 $t = 0$ [s] において，初期位置を $x(0) = 5$ [m] とする．

❸ 時間 t に対し加速度 $a(t) = 2t$ [m/s^2] で並進運動している物体がある．この物体の時間 t における距離 $x(t)$ [m] と速度 $v(t)$ [m/s^2] を求めよ．ただし，初期位置を $x(0) = 2$ [m] とし，初期速度を $v(0) = 5$ [m/s] とする．

❹ ダンパ（減衰器）の特性を数式を用いて説明せよ．

❺ 並進系の PD 制御について，力学的観点から原理を説明せよ．

❻ 並進系の PD 制御において，比例ゲインと速度ゲインをそれぞれに変化させた場合の運動の挙動について，図 2.9 や図 2.13 を用いて説明せよ．

---

[14] 例えば，『PID 制御の基礎と応用』朝倉書店など．

基本的な制御 (回転系)

第3章

STORY

　助手のおかげで前後には動けるようになったホイールダック2号．よし，これで，自由に部屋の中を動き回れるぞ．と思って向きを変えようとした矢先．ホイールダック2号は思ったようなスピードで回れないことに気づいた．そう，マニピュレータ（ロボットアーム）とバックパックが付いたおかげで随分と体は長くなり，回転特性が大きく変わってしまったのである．博士「あ，回転系忘れてた」助手「……」博士「あ……やっといてくれる？」助手「……はい」　ホイールダック2号は改造前のように自由に回転できるようになるのか．

図 3.1　回転特性が変わり，うまく回れないホイールダック2号

3.1 回転系の力学

3.1.1 角速度と角加速度の関係

本章では，2 章の並進系 PD 制御を回転系に拡張してみよう．ただし，回転に関する力学は高校ではほとんど取り扱わないので，最初に回転系の力学について説明する．はじめに，2.1 節で説明した速度・加速度の概念を回転系に拡張しよう．ここでは図 3.2(a) のように，軸を中心にハンドルが回転する場合を考える．この場合ではハンドルの角度 $\theta(t)$ [rad] が時間 t [s] によって変化する[1]．このとき，単位時間あたりの角度の変化である**角速度** $\omega(t)$ [rad/s] は次式となる．

$$\omega(t) = \frac{d\theta(t)}{dt} = \dot{\theta}(t) \tag{3.1}$$

さらに，単位時間あたりの角速度の変化である**角加速度**は次式で与えられる．

$$\dot{\omega}(t) = \frac{d\omega(t)}{dt} = \frac{d}{dt}\frac{d\theta(t)}{dt} = \frac{d^2\theta(t)}{dt^2} = \ddot{\theta}(t) \tag{3.2}$$

ここで，$\ddot{\theta}(t)$ の単位は [rad/s^2] となる．したがって，2.1 節の並進運動の場合と同様に，軸を中心に回転運動を行う場合でも，時間 t の微分を介して角度 $\theta \to$ 角速度 $\dot{\theta} \to$ 角加速度 $\ddot{\theta}$ と計算でき，その逆に時間 t の積分を介して角加速度 $\ddot{\theta} \to$ 角速度 $\dot{\theta} \to$ 角度 θ と計算ができる[2]．

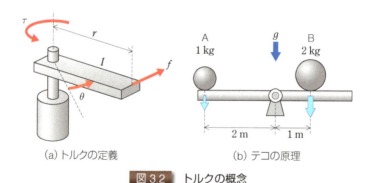

(a) トルクの定義 　　　　(b) テコの原理

図 3.2　トルクの概念

---
[1] 角度の単位としてラジアン (radian) を用いる場合は [rad] と表記する．一方，単位として度 (degree) を用いる場合には [deg] と表記する．
[2] 今回のように軸で拘束され，軸を中心に回転する場合には，時間 t の積分を介して $\ddot{\theta} \to \dot{\theta} \to \theta$ と計算できる．ただし，拘束されていない場合などでは，この計算が成立しないときがあるので注意が必要である．

3.1.2 トルクとは

2.1 節の並進運動における式 (2.4) を思い出してみよう．今，2 つの質点 A と B があったとして [3]，A の質量は $m_A = 1$ [kg]，B の質量が $m_B = 2$ [kg] であり，それぞれの移動距離を x_A, x_B [m] とする．両者に同じ力 $f = 1$ [N] を加えたとき，式 (2.4) より，それぞれの加速度は

$$A \text{ の加速度：} \quad \ddot{x}_A(t) = 1 \text{ [m/s}^2]$$
$$B \text{ の加速度：} \quad \ddot{x}_B(t) = 0.5 \text{ [m/s}^2]$$

となる．それぞれの値を比較すると，A に対し質量が 2 倍ある B では，加速度が 1/2 となっている．つまり，質量とは加速のしにくさと考えることができる．さて，これを踏まえて回転の話に入ろう．先ほどの図 3.2(a) のハンドルの回転運動を考える．このような回転運動の場合は，並進運動の力学をそのまま適用できず，並進運動を拡張した別の概念が必要となる．

今，軸の中心から r [m] のハンドル部分に，ハンドルと常に直交する力 f [N] を受けているとする．この力 f によってハンドルの回転角 $\theta(t)$ [rad] が変化する．このとき，角加速度 $\ddot{\theta}(t)$ と距離 r と力 f の関係は次式で表現される．

$$fr = I\ddot{\theta} \tag{3.3}$$

さらに

$$\tau = fr \tag{3.4}$$

とおくと，式 (3.3) は次式のように書き直すことができる．

$$\tau = I\ddot{\theta} \tag{3.5}$$

式 (3.4) において力 f と距離 r をかけた τ [Nm] を**トルク**という．式 (3.3) と式 (3.5) における I を**慣性モーメント**といい，その単位は SI 単位系で [Nms^2] となる [4]．式 (3.5) は，ハンドルにトルク τ を加えると，角加速度 $\ddot{\theta}$ が生じることを示している．

回転運動におけるトルク τ は，並進運動における力に相当する．厳密さを無視してイメージ的にいえば，トルクは「回転力」という表現がしっくりく

---

[3] 質点とは点とみなせ，大きさが無視できる物体．
[4] 式 (3.3) より I の単位は [Nms^2/rad] となるが，弧角法による角度表記（ラジアン）は厳密には無次元量なので [Nms^2] となる．

るかもしれない．トルクが大きいほど，大きな回転力を発生させるのである．ハンドルの回転運動の場合，式 (3.4) が示すように，力 f が一定ならば作用する距離 r が大きいほど，大きなトルクとなる．同様に，距離 r が一定ならば力 f が大きいほど，大きなトルクとなる．今回の場合には「軸の中心から力の作用点の方向」と「力 f の向き」が直交しているとしたが，f が直交していない場合には f のうち，「軸の中心から力の作用点の方向」と直交する成分のみを r にかけてトルク τ を求める必要がある．

このトルクの概念を用いるとテコの原理も説明できる．図 3.2(b) のようにシーソーの両端に物体 A と B が乗っており，重力によってつり合っていたとする．ここで，シーソーの回転による角速度と角加速度はゼロであるとし，静止した状態であるとする．A の質量を $m_A = 1$ [kg]，B の質量を $m_B = 2$ [kg] とし，それぞれ回転軸から 2 [m] と 1 [m] のところに存在していたとする．回転の正方向を反時計回り，重力加速度を g [m/s^2] とすれば，A によって生じるトルクは $\tau_A = 2g$ [Nm] であり，B により生じるトルクは $\tau_B = -2g$ [Nm] となる．結局，この場合では 2 つのトルクがつり合っていることから，$\tau_A + \tau_B = 0$ となる．

3.1.3 慣性モーメントとは

トルクの式 (3.5) は，式 (2.4) に示される並進運動における力 f と加速度 $\ddot{x}$ の関係に非常によく似ていることがわかる．つまり，式 (2.4) では質量 m が並進運動における「加速のしにくさ」だったのに対し，式 (3.5) の回転運動の場合では，トルク τ が与えられたときの「角加速のしにくさ」を表すのが慣性モーメント I である．物体のもつ慣性モーメントの値は質量と違い，以下の性質をもつ（**図 3.3**）．

(1) 物体の質量が変わると物体の慣性モーメントの値も変わる．
(2) 物体の質量が同じでも，物体の形状によって慣性モーメントの値は変化する．
(3) 同じ物体でも，回転させる軸が変わると慣性モーメントの値も変わる．

慣性モーメントの算出方法について簡単な例で説明しよう．今，**図 3.4** のように，質量を無視できる回転軸に対し n 個の質点がくっついており，それぞれの質量を m_i $(i = 1, \ldots, n)$ とし，回転軸からの距離を r_i とする．これらの質点を回転軸で回転させた場合の慣性モーメント I は次式で表現され

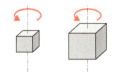
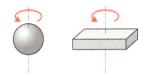

(1) 質量が変わると値も変わる　　(2) 質量が同じでも，物体の形状によって値が変わる

(3) 同じ物体でも回転軸が変わると値が変わる

図 3.3 慣性モーメントの性質

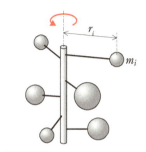

図 3.4 慣性モーメントの計算

る[5]．

$$I = \sum_{i=1}^{n} m_i r_i^2 \quad [\text{kgm}^2] \tag{3.6}$$

章末問題に慣性モーメントの計算問題を用意したので，実際に慣性モーメントを計算して，慣性モーメントの特徴を理解してほしい．

式 (3.6) の場合には，複数の質点が存在する場合の慣性モーメントの計算法であった．しかし，実際の回転物体は図 3.2(a) のハンドルのように質点ではないことが多い．ハンドルのような**剛体**[6] の慣性モーメントの計算では，質点が連続的に分布して存在するとみなして算出を行う．このような剛体の慣性モーメントの算出については省略するが，より詳しくは機械力学などに

---

[5] 式 (3.5) では慣性モーメントの単位を [Nms^2] とし，式 (3.6) では [kgm^2] としており見た目が異なるが，両者は同じ物理量である．
[6] 変形しない固い物体のこと．

関する他書を読むことをお勧めする[7]．円柱や長方形など，よく用いられる形状の慣性モーメントは公式化されている．

図 3.2(a) の例では，ハンドルに力が作用する場合の回転運動を考えたが，ロボット工学では関節部の回転軸そのものが発生させるトルクが重要となる．例えばマニピュレータを動作させる際に，「関節軸に与えるトルクをどのくらいにすれば，どのような関節運動が得られるか」などの関係を求める必要がある．

3.1.4 並進系と回転系の類似性

トルクという概念を用いることで，回転系の力学を取り扱うことができるようになったが，ここで1つ大きなポイントがある．実は，並進系と回転系の2つの力学の間には強い類似性が成り立つ．この類似性を示したのが**表 3.1**である．この表より運動量や運動エネルギー，バネ力，バネエネルギー[8]などが同じような式で表現されているのがわかるだろう．なお，並進系の距離や回転系の角度のことを，まとめて**変位**と呼ぶ．

表 3.1 並進運動と回転運動の類似性[9]

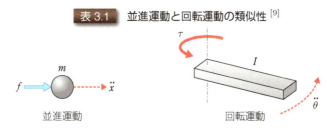

変位	速度 (角速度)	加速度 (角加速度)	力 (トルク)	バネ力 (バネトルク)	運動量 (角運動量)	運動 エネルギー	バネ エネルギー	ポテンシャル エネルギー
距離 x [m]	$\dot{x} = \dfrac{dx}{dt}$	$\ddot{x} = \dfrac{d^2x}{dt^2}$	$f = m\ddot{x}$	$f = kx$	$m\dot{x}$	$\dfrac{1}{2}m\dot{x}^2$	$\dfrac{1}{2}kx^2$	fx
角度 θ [rad]	$\dot{\theta} = \dfrac{d\theta}{dt}$	$\ddot{\theta} = \dfrac{d^2\theta}{dt^2}$	$\tau = I\ddot{\theta}$	$\tau = k\theta$	$I\dot{\theta}$	$\dfrac{1}{2}I\dot{\theta}^2$	$\dfrac{1}{2}k\theta^2$	$\tau\theta$

---

[7] 例えば，『機械力学 (機械工学入門講座)』 森北出版など．
[8] バネによる力とエネルギーのことを弾性力，弾性エネルギーと呼ぶこともあるが，本書ではバネ力，バネエネルギーという名称を用いる．
[9] この表では，慣性モーメント I は回転軸周りの値とする．また，ポテンシャルエネルギーでは f と τ が一定の場合に限定している．なお，ポテンシャルエネルギーは，広義では位置エネルギーとも呼ばれる．

3.2 回転運動における PD 制御

並進系と回転系の力学の類似性を理解できたので，2 章におけるホイールダック 2 号の並進運動における PD 制御を概念を回転系に拡張しよう．2.2.1 節の並進系の場合と同様に，以下の問題を考えよう．

> **問題（回転系の制御）**
>
> 図 3.5 のように，ホイールダック 2 号が x-y 平面上に存在していたとする．このとき，ホイールダック 2 号のホイールを駆動させ，z 軸周りにトルク τ を与え，z 軸周りの角度 $\theta(t)$ [rad] を目標の角度 θ_d に角度制御したい．
>
> このとき，どのようなトルク τ を与えればよいだろうか．床とホイールダック 2 号の間には適度な摩擦が存在すると仮定する．ただし，ホイールダック 2 号の中心は x–y–z 軸の原点にあり，回転は z 軸周りに固定されているとする．また，角度 θ と角速度 $\dot{\theta}$ はセンサなどからリアルタイムに計測され，目標角度 θ_d は一定値とする．ただし，時間 $t = 0$[s] のとき，$\theta(0) = 0$ かつ $\dot{\theta}(0) = 0$ とする．

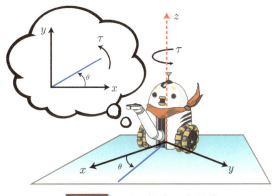

図 3.5 回転系制御の座標系

2.3 節で用いた PD 制御を，並進系と回転系の類似性を考慮に入れて拡張し，

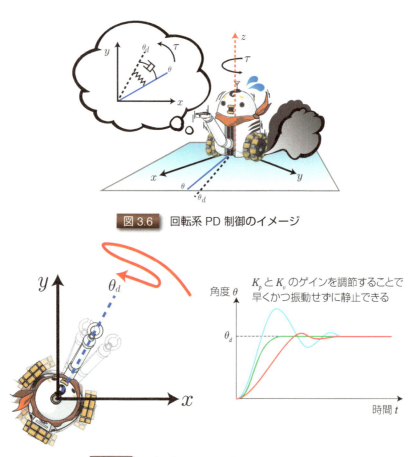

図 3.6 回転系 PD 制御のイメージ

図 3.7 回転系 PD 制御の動作結果のイメージ

トルク τ として次式を与えよう.

$$\tau = K_p(\theta_d - \theta(t)) - K_v\dot{\theta}(t) \tag{3.7}$$

式 (3.7) では，図 **3.6** のように，右辺の第 1 項は仮想的な回転バネを表し，第 2 項が仮想的な回転ダンパを表す．なお，比例ゲイン K_p，速度ゲイン K_v は便宜上，式 (2.11) と同じ表記であるが，それぞれ有する単位は異なることに注意が必要である．式 (2.11) の場合では K_p, K_v の単位はそれぞれ [N/m]，[Ns/m] であるのに対し，式 (3.7) では，それぞれ [Nm/rad]，[Nms/rad] となる[10]．

図 **3.7** は回転系 PD 制御を用いて，ホイールダック 2 号を動作させた場合

---

[10] ラジアン（[rad]）は厳密には無次元量であるために，単位としての rad は省略可能である．

のイメージ図である．右図では，横軸が時間 t，縦軸を角度 θ としている．並進系 PD 制御と同じように，比例ゲイン K_p を大きくとるとオーバーシュートを起こし，速度ゲイン K_v を大きくとると速度に比例したブレーキの作用により，オーバーシュートを抑制できる．したがって，並進系と同様にゲインチューニングを行うことで，結果として生じる運動が変化し，上手に回転系の制御も実行できるようになるのである．

PD 制御の概念を用いることで，ホイールダック 2 号は，並進運動のみならず，回転運動においても目標位置への制御が可能となるのだ．

まとめ

- 回転運動では，時間 t の微分を介して角度 θ →角速度 $\dot{\theta}$ →角加速度 $\ddot{\theta}$ と計算できる．逆に時間 t の積分を介して角加速度 $\ddot{\theta}$ →角速度 $\dot{\theta}$ →角度 θ と計算できる．
- トルクとは回転軸から力の作用する点までの距離と，それに直交する力の成分をかけたものである．また，慣性モーメントは角加速のしにくさを表す．
- 並進系と回転系の力学では，強い類似性が成り立つ．
- 回転運動における PD 制御は，仮想的な回転バネと回転ダンパを用いる制御である．

章末問題

❶ 図 **3.8** に示すように物体が 1 つの軸で回転運動をする場合を考える．このとき，(a) と (b) のそれぞれについて，力 f を与えた際に軸に生じるトルクを求めよ．

❷ 時間 t に対し角度 $\theta(t) = 2t^3 + \cos \pi t$ [rad] で回転運動している軸がある．この軸の時間 t における角速度 $\omega(t)$ [rad/s] と角加速度 $\dot{\omega}(t)$ [rad/s^2] を求めよ．

❸ ある回転軸が角速度 $\omega = 0.3$ [rad/s] で等角速度運動している．時間 $t = 0$ の軸角度を $\theta(0) = 0$ [rad] としたとき，時間 t [s] における角度 θ を求めよ．

❹ 時間 t に対し，ある回転軸が角速度 $\omega(t) = 3t + \sin 2\pi t$ で運動している．このとき，時間 t [s] における回転角 $\theta(t)$ と角加速度 $\dot{\omega}(t)$ を求めよ．ただし，時間 $t=0$ の軸角度を $\theta(0) = 0$ [rad] とする．

❺ 図 **3.9**(a)(b) のように，同じ物体であるが，回転する軸が異なる場合について慣性モーメントを計算せよ

❻ 式 (3.5) の慣性モーメントの単位 [Nms^2] と式 (3.6) の慣性モーメントの単位 [kgm^2] が同じ物理量であることを示せ．

❼ 並進系と回転系の力学について，その類似性を変位，速度（角速度），加速度（角加速度），バネ力（バネトルク），運動量（角運動量），運動エネルギー，バネエネルギー，ポテンシャルエネルギーの観点から表にまとめよ．

❽ 回転系の PD 制御について，力学的観点から原理を説明せよ．

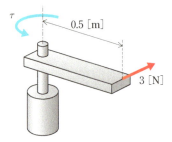
(a) ハンドルと力が直交している場合

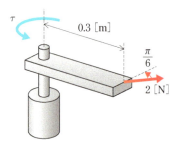
(b) ハンドルと力が直交していない場合

図 3.8　トルクの計算

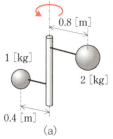

図 3.9　慣性モーメントの計算（同じ物体で回転軸が異なる）

自由度と座標系

第4章

STORY

　ホイールダック2号は並進系と回転系の動き方を覚えた．博士「ふう，これで前後左右回転の動きはバッチリだな！助手くん！」助手「やりましたね！博士！」　ホイールダック2号も喜んで研究所の中を走り回る．ホイールダック2号はせっかく付けてもらったマニピュレータ（ロボットアーム）を使って，コップをとってみようとテーブルの前まで行ってみた．あれ？　腕ってどうやって動かすんだっけ？　博士「あ，マニピュレータの存在を忘れてた」　そう，あろうことか，せっかく付けたマニピュレータの自由度が忘れ去られていたのだ．

図 4.1　マニピュレータ（ロボットアーム）の動かし方をまったく知らないホイールダック2号

4.1 自由度の概念

4.1.1 並進系の自由度

本章では**自由度**とマニピュレータの座標系の関係について説明する．自由度とは「独立に変化する変数」の数を表す．自由度は英語でいうと「degrees of freedom」であり，英語の頭文字をとって **DOF** と略す．

言葉だけでは少しわかりにくいので，イラストを用いて説明しよう．最初に並進運動について考える．今，図 **4.2**(a) のように棒に接続された剛体が，棒に沿って左右に移動できるとしよう．このとき，基準点からの距離を x とすれば，この物体の動作は x という 1 つの変数で表現できる．これは 1 自由度の例の 1 つである．次に図 4.2(b) を見てみよう．この例では 2 次元平面である x–y 平面上に存在する小さな点を表している[1]．この点の動作を表現するには，例えば (x, y) といった 2 つの変数が必要となり，この場合は 2 自由度となる．同様に図 4.2(c) の例を考えよう．この点は x–y–z 空間に存在する．その位置を表現するには，(x, y, z) の 3 つの変数が必要であり，この場合は 3 自由度となる．これらの例では回転運動は考慮せず，並進運動しか考慮していないため，「並進 3 自由度」のように n 変数の場合には並進 n 自由度と表現する．

(a) 1 自由度　　　(b) 2 自由度　　　(c) 3 自由度

図 4.2 並進運動の自由度

4.1.2 回転系の自由度

次は回転運動について考えてみよう．図 **4.3**(a) のように 1 本の棒状の剛体に回転関節が取り付けてあり，この角度を θ_1 とする．この場合では自由に変更可能な変数は θ_1 の 1 つであるために，1 自由度となる．今度は図 4.3(b) のように先ほどの 1 自由度に対し，土台部にもう 1 つ旋回の回転関節を取り付けたとする．この旋回の角度を θ_2 とすれば，全体で θ_1 と θ_2 の 2 自由度

---
[1] ここでは点の回転は考慮しない．

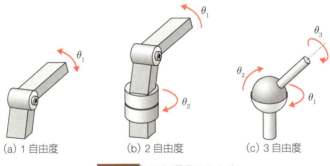

(a) 1 自由度　　(b) 2 自由度　　(c) 3 自由度

図 4.3　回転運動の自由度

をもつ．図 4.3(c) はいわゆるボールジョイントと呼ばれる関節である．この関節は 1 つで $\theta_1 \sim \theta_3$ の 3 自由度をもつ．これらのように回転運動しか考慮していないシステムの自由度を，例えば「回転 3 自由度」のように n 変数の場合には回転 n 自由度と表現する．

4.1.3　並進＋回転系の自由度

これまで並進と回転を別々に考えてきた自由度の議論を，「並進と回転の自由度を同時にもつ場合」に拡張してみよう．今，**図 4.4** のように x–y 平面上に剛体として閉じたハサミが存在すると考える．この閉じたハサミの位置を表現するには，例えばハサミの重心位置 (x, y) と回転角 θ で表現可能である．つまり，これは並進 2 自由度と回転 1 自由度を有する合計 3 自由度と見なせる．

実際の物体の運動では，このように並進と回転が同時に起こるものが多い．では，我々の生活において，拘束を受けていない通常の物体（剛体）の自由度はいくつだろうか．拘束のない物体の自由度は，**図 4.5** に示すように重心

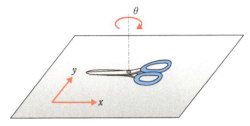

3 自由度
（並進 2 自由度 + 回転 1 自由度）

図 4.4　並進運動と回転運動が組み合わさった例

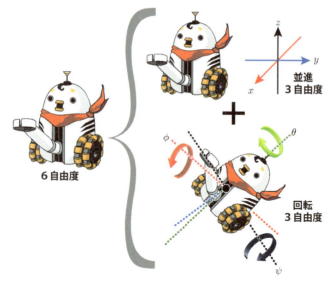

図 4.5 物体の 6 自由度運動

位置の並進 3 自由度 (x, y, z) と 3 つの回転軸の回転 3 自由度 (θ, ϕ, ψ) の**合計で 6 自由度**を有している．

4.1.4 関節の簡易的な表記

　自由度の概念が理解できたところで，マニピュレータにおける運動の解説をしていくが，ここで，関節部の省略表記について説明しておく．マニピュレータの解説をするうえで，関節部をいちいち詳しく表記するのは見づらいので，**図 4.6**(a) のように簡易的に表記する．図 4.6(a) の上部は回転運動を生じる回転関節の場合であり，下部は並進運動を生じる関節の場合である．

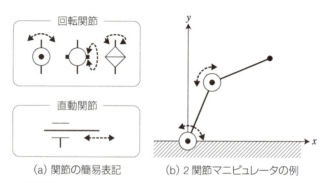

(a) 関節の簡易表記　　(b) 2 関節マニピュレータの例

図 4.6 マニピュレータにおける関節の簡易表記と 2 関節の例

このように並進運動をする関節のことを直動関節という．例えば回転関節を2つもち，x–y平面内を運動する場合には図 4.6(b) のように表記する．

4.2 手先自由度と関節自由度

4.2.1 1自由度と2自由度の例

自由度の概念をマニピュレータに拡張して考えてみよう．マニピュレータはいくつかの関節で構成される．関節のもつ全部の自由度を**関節自由度**という．また，同様にエンドエフェクタなどが搭載された手先のもつ自由度を**手先自由度**という．

今，図 4.7(a) の回転関節を1つだけもつマニピュレータを考えよう．このマニピュレータでは関節自由度が1自由度であり，関節角度 θ が変化すれば，先端の手先は円軌道を描くことができる．この場合では，手先の位置を示す変数として円周の長さ l という座標系を定義すれば，手先位置を l によって表現できる．つまり，関節自由度が1自由度に対し，手先自由度も1自由度となる．

次に，図 4.7(b) のように回転関節を2つもつマニピュレータを考えよう．この場合では関節自由度は θ_1 と θ_2 の2自由度となる．一方で手先の点は x–y 平面内を動くようになる．この場合，関節自由度は2自由度であり，手先自由度も同じ2自由度となる．

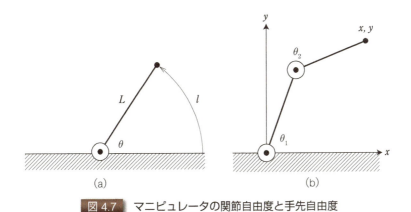

図 4.7　マニピュレータの関節自由度と手先自由度

4.2.2 目的の運動と手先自由度

マニピュレータを制御する場合には、いちから設計したロボットにせよ、商用のロボットを購入するにせよ、「作業に必要な手先自由度」と「ロボットの有する手先自由度と関節自由度」の関係を理解していないと、要求された作業を十分に遂行できない場合がある[2]. 例えば、マニピュレータが**ピックアンドプレイス**[3]という作業を行う場合では、把持対象[4]の物体を移動させるのに必要な自由度に対し、手先が実際に何自由度の動作が実現可能なのかを知らないと、目的の運動を実行するのが不可能な場合が存在する.

具体例として、図 **4.8**(a) のように1自由度の回転関節を2つもつマニピュレータを使って、鉛直平面内のある物体の姿勢を水平に保ったまま状態 A から状態 B に移動させたい場合を考える. このロボットの関節自由度は2自由度であり、手先自由度は2自由度である. したがって、手先で把持した対象物の位置姿勢に対して、位置の2自由度を制御することは可能である. しかし、この場合では図 4.8(b) のように把持した物体の回転角は自由に制御できない. このマニピュレータでは、対象物体の重心位置の平面内の2自由度を制御可能であるが、回転角は独立して制御できず、回転角は重心位置に対して従属的に決定されてしまう. したがって、この場合では、要求した運動を満たすには関節自由度を増やすなどの工夫が必要となる.

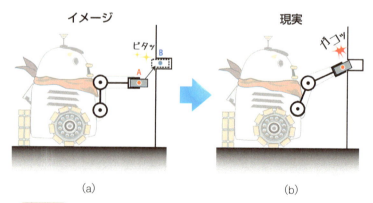

図 4.8　手先自由度の関係で把持物体の目標姿勢が実現できない例

---

[2] 当然ながら、自由度以外にも各関節の可動範囲も考慮しなくてはならない.
[3] ロボットのマニピュレータで対象物体を掴み（ピック）、掴んだ物体を特定の位置姿勢に移動させる（プレイス）作業のこと.
[4] 把持は「はじ」と読む. 意味は「しっかり掴む」こと.

4.3 非冗長と冗長

　手先自由度と関節自由度の概念がわかったので，次に**冗長性**について説明しよう．今，手先運動が x–y 平面内の 2 自由度の運動を要求されたとしよう．この場合には図 4.7(b) に示すような関節自由度を 2 つもつロボットを用いれば，手先の点の 2 自由度運動 (x, y) が可能となることは説明した．この例のように，マニピュレータの関節自由度の数に対して，手先自由度の数が同じ状態を**非冗長**といい，そのようなマニピュレータを非冗長マニピュレータという．詳しくは 5 章で解説するが，非冗長の場合では手先位置に対する関節角度が図形的に一意に決定される．

　図 4.9(a)(b) を見てほしい．この図では，壁（障害物）の裏に存在する目標物（虫）の位置にマニピュレータの手先を移動させたい．図 4.9(a) はこれまでのような 2 リンク 2 関節の非冗長マニピュレータである．この場合では，壁が邪魔して手先を目標位置に移動できない．これに対し図 4.9(b) のように，1 自由度の回転関節をもう 1 つ加えてみよう．つまり関節数が 3 つに増え，関節角度は θ_1, θ_2, θ_3 の 3 つが制御可能となる．この場合では，手先自由度が 2 自由度 (x, y) に対し，関節自由度が 3 自由度となり，壁を回避して手先を目標位置に移動できる．このように手先運動の自由度に対し，関節自

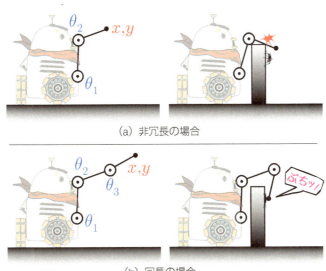

(a) 非冗長の場合

(b) 冗長の場合

図 4.9 冗長マニピュレータによる回り込み作業の例

由度が多い状態を関節自由度が**冗長**といい，そのようなマニピュレータを冗長マニピュレータという．冗長とは，簡単にいえば「余分」であることを意味する．この冗長の長所と短所には，以下が考えられる．

> **冗長マニピュレータの長所**
>
> - 図 4.9(b) のように，障害物などがある場合に，回り込み作業などのより細かい動作が可能になる．
> - 1 つ 1 つの関節の可動範囲が限られている場合でも，結果的に大きな可動範囲を得ることができる．

> **冗長マニピュレータの短所**
>
> - 関節数が増えることで，コストが増加する．
> - 手先位置を決定しても，図形的に関節角度が一意に決まらない（詳しくは 5 章にて後述する）．

　自然界に目を向けると，象の鼻や蛇の体などは，鼻先や頭部の自由度に比べて非常に多くの関節自由度が存在し，それらはすべて冗長であるといえる．人工のマニピュレータでもこのような機構を有するものが存在する．

　では，実際の人間の腕の場合はどうであろうか．人間は肩から手先までの関節自由度は 7 自由度をもつといわれている．手で把持する物体は 6 自由度であるから，「関節自由度 > 手先自由度」となり，冗長であることがわかる．実際，人間は回り込み作業などをすることが可能であり，人間の複雑な動作はこのような関節構造からもうかがい知ることができるのである．

4.4　関節と手先の座標系

　関節と手先の座標系について説明する．**図 4.10**(a) のような関節 2 自由度システムを考える．この場合には手先自由度も 2 自由度となり，非冗長である．

　今，手先位置を (x, y) とし，各関節の回転中心から x 軸に平行な線からの角

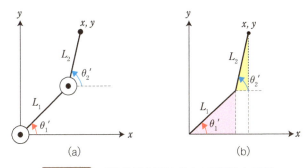

図 4.10 手先位置と関節角度の図形的な関係

度をとり，それを関節角度 (θ'_1, θ'_2) とする．関節の変位を表す座標系 (θ'_1, θ'_2) を**関節座標系**といい，手先の変位を表す座標系 (x, y) を**手先座標系**や**作業座標系**という．マニピュレータ制御では，この関節座標系と手先座標系の図形的な関係を知ることが重要なポイントの1つとなる．関節座標系と手先座標系の関係の簡単な例として，以下の問題を考えてみよう．

問題(関節角度と手先位置の図形的な関係)

図 4.10(a) に示す関節自由度が2自由度の非冗長マニピュレータを考える．このとき，図形的な関係に着目し，関節座標 (θ'_1, θ'_2) から手先座標 (x, y) への変換を行え．ただし，2つのリンクの長さ (L_1, L_2) は既知とする．また，各関節角度 (θ'_1, θ'_2) は x 軸の平行線からの角度と定義する．

図 4.10(b) のような補助線を考えよう．すると，2つの直角三角形ができ上がる．リンク長 L_1 と L_2 は，この2つの三角形の長辺の長さであるので，三角関数を用いて底辺と高さが計算できる．この2つの三角形の底辺を合わせた長さが x であり，高さを合わせた長さが y となる．したがって，手先座標 (x, y) は次式により得る．

$$\begin{cases} x = L_1 \cos \theta'_1 + L_2 \cos \theta'_2 \\ y = L_1 \sin \theta'_1 + L_2 \sin \theta'_2 \end{cases} \tag{4.1}$$

ホイールダック2号に搭載するマニピュレータ（ロボットアーム）には，

手先座標系と関節座標系との間に図形的な関係があることはわかった．5章では，この図形的な関係について，より詳細に説明していく．

> **まとめ**
> - 自由度とは，独立に変化する変数の数である．
> - 手先自由度とは手先のもつ自由度であり，関節自由度とは関節のもつ自由度のことである．
> - 冗長とは，手先自由度より関節自由度の数が大きい場合である．また，非冗長は手先自由度と関節自由度の数が同じ場合である．
> - マニピュレータの関節角度と手先位置には図形的な関係がある．

章末問題

❶ 拘束を受けない物体の自由度が何自由度あるか説明せよ．
❷ インターネットなどで産業用ロボットの関節数を調べ，そのロボットの手先がどのような動作をするか考察せよ．
❸ 図 4.11 に示す機構の関節部について関節自由度を述べよ．
❹ 人間の腕の関節自由度は 7 自由度あるといわれるが，各関節がどのような構造で合計 7 自由度になっているか考えよ．
❺ マニピュレータの関節数における冗長と非冗長について説明し，冗長マニピュレータの短所と長所を述べよ．

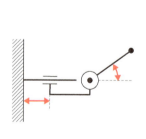
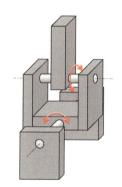

(a) 直動関節と回転関節　　(b) ジンバル機構

図 4.11　関節の自由度

第5章 順運動学と逆運動学

STORY

　ホイールダック2号は自分の腕の自由度を知った．もはや自分の腕の関節角度なら自由自在に制御できるのである．ホイールダック2号は喜んで今度こそテーブルの上のコップをとろうと思った．コップに手を伸ばそうとするホイールダック2号．しかし，そこで，ふと気づいた．「腕の関節角度をいくらにすれば手先がどこへいくのだろうか？」「手先をコップにもっていくためには，腕の関節角度をいくらにすればよいのだろうか？」　ホイールダック2号は自分の腕の姿勢と手先位置の関係性がわからない．そう，ホイールダック2号は運動学を知らなかったのだ．

図 5.1　手先位置と関節角度の関係を知らずに手先を闇雲に動かすホイールダック2号

5.1 運動学の概念

5.1.1 順運動学と逆運動学

4章では,自由度および手先座標系と関節座標系について説明した.次にこれらの概念を用いて運動学の説明に入ろう.本章で対象とするマニピュレータは,図 5.2 のようにホイールダック 2 号に増設されたものである.増設されたマニピュレータは上下方向に回転する 1 自由度の関節を 2 つもつ.したがって,マニピュレータはホイールダック 2 号の本体に固定された x–y 平面内を運動する.手先自由度が (x, y) の 2 自由度に対し,関節自由度が (θ_1, θ_2) の 2 自由度となるので,非冗長マニピュレータとなる.

増設されたマニピュレータの具体的な作業として,図 5.3 のように,x–y 平面内にコーヒーカップなどの対象物が存在し,その位置まで手先位置を制御する場合を考えてみよう.このような作業を行う場合には,4.4 節で説明したように,手先位置 (x, y) と関節角度 (θ_1, θ_2) の図形的な関係を知る必要がある.この手先位置と関節角度の図形的な関係を計算することを**運動学(キネマティクス)**という.この運動学は図 5.4 のように 2 つに分類することができる.1 つ目は関節角度 (θ_1, θ_2) から手先位置 (x, y) を計算する方法であり,これを**順運動学(フォワードキネマティクス)**と呼ぶ.2 つ目はその逆に手先位置 (x, y) から関節角度 (θ_1, θ_2) を計算する方法であり,これを**逆運動学(インバースキネマティクス)**と呼ぶ.マニピュレータの順運動学が計算できると,例えば,計測した関節角度データから手先位置を求めることが

図 5.2 ホイールダック 2 号に増設された 2 リンク 2 関節マニピュレータ

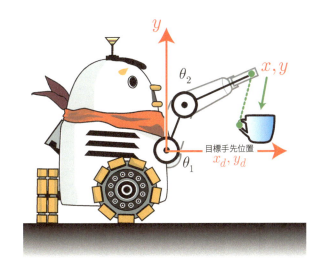

図 5.3 マニピュレータを動かしてコーヒーカップを把持する

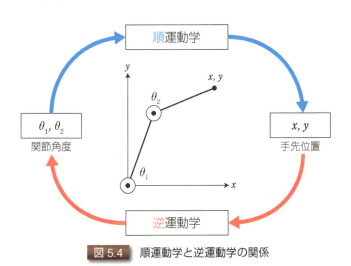

図 5.4 順運動学と逆運動学の関係

できる．また，逆運動学が計算できると，例えば，目標位置に手先を移動させるために，その目標手先位置に対応した目標関節角度が計算できる．

5.1.2 関節角度センサにおける角度計測

4.4 節において,各関節角度は図 4.10 のように x 軸との平行線からの角度と定義されていた.しかし,実際に角度センサを用いてマニピュレータの関節角度を計測する際には,**図 5.5** のように,角度センサはセンサが固定されたリンクを基準にしてしか角度計測できない.したがって,図 4.10 の場合とは異なり,第 2 関節は x 軸の平行線からの角度として直接計測できず,第 2 リンクの基準状態[1] からの角度として計測される.

これを考慮し,本書ではこれ以降は特に断りのない限り,2 リンク 2 関節マニピュレータの関節角度 (θ_1, θ_2) を**図 5.6** のように定義する.ただし,今回の場合には関節角度 θ_1 の同位角の関係に注目すると,第 2 リンクと x 軸の平行線とのなす角度は $\theta_1 + \theta_2$ で得ることができる.

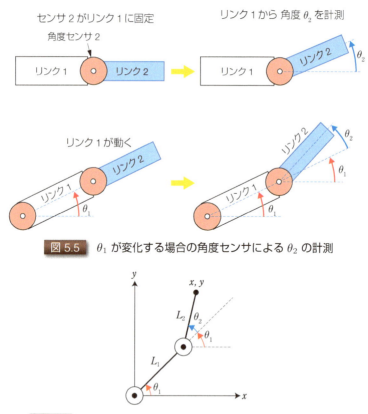

図 5.5 θ_1 が変化する場合の角度センサによる θ_2 の計測

図 5.6 角度センサによる θ_2 の計測を考慮した関節角度の関係

---

[1] この場合には第 1 リンクと第 2 リンクが同一直線状に伸びきった状態.

5.2 順運動学

順運動学の計算として，以下の問題を考えよう．

問題（順運動学）

　図5.6の2自由度の非冗長マニピュレータを考える．このとき，順運動学計算を行い，関節角度 (θ_1, θ_2) から手先位置 (x, y) を計算せよ．ただし，2つのリンクの長さ (L_1, L_2) は既知とする．

基本的な考え方は，4.4節と同じである．ただし，関節角度の定義の仕方が異なる点に注意が必要である．図4.10における θ_2' が図5.6の $\theta_1 + \theta_2$ に相当することから，式 (4.1) を拡張し，以下を得る．

$$
\begin{cases}
x = L_1 \cos\theta_1 + L_2 \cos(\theta_1 + \theta_2) \\
y = L_1 \sin\theta_1 + L_2 \sin(\theta_1 + \theta_2)
\end{cases}
\tag{5.1}
$$

5.3 逆運動学

5.3.1 逆運動学の計算

　次に図5.6のマニピュレータを想定し，逆運動学を求めよう．逆運動学では，手先位置 (x, y) の値がわかっていたときに，それに対応する関節角度 (θ_1, θ_2) を求める．ここで，以下の問題を考えてみよう．

問題（逆運動学）

　図5.6の2自由度の非冗長マニピュレータを考える．このとき，逆運動学計算を行い，手先位置 (x, y) から関節角度 (θ_1, θ_2) を計算せよ．ただし，2つのリンクの長さ (L_1, L_2) は既知とする．

この逆運動学の計算には少しコツがいる．今回の場合にも適切に補助線を入れ，さらに補助的な角度を考えることで逆運動学計算が容易となる．そこで図 **5.7** のように，座標原点を O，手先位置を点 P とし，第 2 関節の回転中心を点 A とする．ここで OP 間に補助線を入れ，この長さを $\overline{\text{OP}}$ とし，新たに補助的な角度 α, β, γ [rad] を設定する．三角形 OAP に注目すれば，この三角形の内角のうち，2 つが先ほど新たに設定した角度 α, β となり，x 軸と $\overline{\text{OP}}$ のなす角が角度 γ となる．

この補助的な角度 α, β, γ と関節角度 (θ_1, θ_2) の関係は次式で表すことができる．

$$\begin{cases} \theta_1 = \gamma - \beta \\ \theta_2 = \pi - \alpha \end{cases} \tag{5.2}$$

したがって，α, β, γ の 3 つの角度がわかれば，関節角度 (θ_1, θ_2) が得られる．

では，角度 α, β, γ を計算していこう．まずは $\overline{\text{OP}}$ を計算する．この長さは原点 O から手先位置 P までの距離であるから，2 点間の距離の計算を用いて，以下で求めることができる．

$$\overline{\text{OP}} = \sqrt{x^2 + y^2} \tag{5.3}$$

$\overline{\text{OP}}$ の長さがわかったので，次に三角形 OAP に対し余弦定理を用いて，角度 α, β に関する 2 つの関係式を得る．

$$\overline{\text{OP}}^2 = L_1^2 + L_2^2 - 2L_1 L_2 \cos \alpha \tag{5.4}$$
$$L_2^2 = L_1^2 + \overline{\text{OP}}^2 - 2L_1 \overline{\text{OP}} \cos \beta \tag{5.5}$$

さらに上式を変形して，以下を得る．

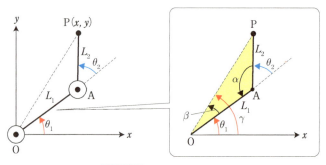

図 5.7　逆運動学の計算

$$\cos\alpha = (L_1^2 + L_2^2 - \overline{\mathrm{OP}}^2)/2L_1L_2 \tag{5.6}$$

$$\cos\beta = (L_1^2 + \overline{\mathrm{OP}}^2 - L_2^2)/2L_1\overline{\mathrm{OP}} \tag{5.7}$$

次に，関係式 (5.6)〜(5.7) を満たす角度 α, β を求めればよい．このような場合は cos の**逆関数**を用いることで α, β を求めることができる．三角関数の逆関数のことを**逆三角関数**という．この逆三角関数については章末で補足説明するので，参照してもらいたい．

x, y, L_1, L_2 の数値は与えられているので，式 (5.6)〜(5.7) では右辺を計算することで $\cos\alpha$ と $\cos\beta$ を知ることができる．したがって，cos の逆三角関数 arccos（アークコサイン）を使って，角度 α と β の値を以下のように求めることができる．

$$\alpha = \arccos\left((L_1^2 + L_2^2 - \overline{\mathrm{OP}}^2)/2L_1L_2\right) \tag{5.8}$$

$$\beta = \arccos\left((L_1^2 + \overline{\mathrm{OP}}^2 - L_2^2)/2L_1\overline{\mathrm{OP}}\right) \tag{5.9}$$

最後に角度 γ を求めよう．図 5.7 より

$$\cos\gamma = \frac{x}{\overline{\mathrm{OP}}} \tag{5.10}$$

の関係であることがわかる．したがって，角度 γ は以下で得られる．

$$\gamma = \arccos\frac{x}{\overline{\mathrm{OP}}} \tag{5.11}$$

これらの求めた補助的な角度 α, β, γ を式 (5.2) に代入することで，手先位置 (x, y) が与えられた際に，それに対応する関節角度 (θ_1, θ_2) を計算することができる．

5.3.2 逆運動学の特徴

以上の手法で逆運動学が計算できたが，ここで関節角度の解の重複性について注意が必要である．今回の逆運動学の計算例では，解となる関節角度が図形的に 2 つ存在する．これを図に示したのが**図 5.8** である．このように，手先位置が 1 点だけ与えられているにもかかわらず，それを満たす関節角度が，まるで鏡に映ったように 2 通り存在している．このような場合では関節角度の可動範囲を考慮し，例えば $0 \leq \theta_2 \leq \pi$ などのように関節角度を限定することで，一方の解を排除することができる．

なお，実際に手を動かして運動学を計算するとわかるが，今回のように人

5.3 逆運動学　**055**

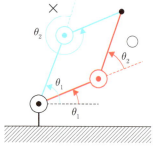

図 5.8　逆運動学計算の解の重複性

間の腕のような構造をするマニピュレータの場合では，順運動学の計算は容易であり，逆運動学の計算は難しい．

また，今回の例よりも自由度が多いマニピュレータになると，順運動学の計算はそれほど難易度が増加しないが，逆運動学の計算は極端に難易度が増加する．このような場合の逆運動学計算については他書を参考にしてほしい[2]．ただし，このような場合でも，利用可能な順運動学とコンピュータの繰り返し計算などを用いて，数値的[3]に逆運動学計算を行うことができる．

5.4　冗長マニピュレータの運動学

これまでの逆運動学の説明では，手先位置 (x, y) が 2 自由度に対し，関節角度が 2 自由度 (θ_1, θ_2) であった．つまり，手先自由度と関節自由度の数が同じである非冗長マニピュレータであった．次に，手先自由度より関節自由度のほうが多い，冗長マニピュレータの運動学について考えてみよう．

まずは順運動学を考えよう．図 5.9(a) を見てほしい．このシステムでは手先位置が 2 自由度に対し，関節角度は 4 自由度をもつ．手先位置を (x, y) とし，関節角度 $\theta_1 \sim \theta_4$ やリンク長 $L_1 \sim L_4$ は今までと同じように定義する．この例では手先自由度が 2 自由度，関節自由度が 4 自由度の冗長マニピュレータとなる．

このとき，順運動学の計算は非冗長の場合とそれほど変わりはない．関節ごとにリンク長と三角関数をかけ合わせたものを加算していくだけである．具体的には式 (5.1) を拡張して，

---

[2] 例えば，『詳説 ロボットの運動学』オーム社など．
[3] 「数値的に」とは，一般式として表現するのではなく，実際に具体的な数字を代入して，そのときの結果の値を計算することである．

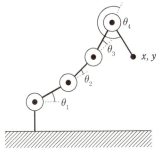

(a) 順運動学　　　(b) 逆運動学

図 5.9　冗長マニピュレータの運動学

$$\begin{cases} x = L_1 \cos\theta_1 + L_2 \cos(\theta_1 + \theta_2) + L_3 \cos(\theta_1 + \theta_2 + \theta_3) \\ \qquad\qquad + L_4 \cos(\theta_1 + \theta_2 + \theta_3 + \theta_4) \\ y = L_1 \sin\theta_1 + L_2 \sin(\theta_1 + \theta_2) + L_3 \sin(\theta_1 + \theta_2 + \theta_3) \\ \qquad\qquad + L_4 \sin(\theta_1 + \theta_2 + \theta_3 + \theta_4) \end{cases} \quad (5.12)$$

のように求めることができる．

　一方，逆運動学の場合では，手先位置 (x, y) を決定したとしても，図 5.9(b) のように，関節角度 $(\theta_1, \theta_2, \theta_3, \theta_4)$ がとり得る値は無限に存在する[4]．したがって，与えられた手先位置に対し，図形的な関係だけでは関節角度は一意に決定することができない．では，冗長マニピュレータの逆運動学計算はどうすればよいのであろうか．一般的には「一部の関節角度を固定する」「関節角度の変化の割合を最小にする」などの条件を加えることで，関節角度を一意に計算できる場合がある．

　ホイールダック 2 号に増設されたマニピュレータ（ロボットアーム）の運動学は計算できた．この運動学はマニピュレータ制御で極めて重要な意味をもつのである．

---

[4] 解の重複性と似ているが，数学的にはまったく意味が異なる．

まとめ

- 順運動学とは，マニピュレータの関節角度から手先位置を図形的に計算することである．また，逆運動学とは，手先位置から関節角度を図形的に計算することである．
- 冗長マニピュレータでは順運動学の計算は一意に可能であるが，逆運動学の計算は，解を一意に求めることはできない．

❶ マニピュレータが**図 5.10**(a)(b) の 2 つの状態のとき，与えられた関節角度から手先位置を計算せよ．ただし $L_1 = 1$，$L_2 = 1/2$ とし，(a) では $\theta_1 = \theta_2 = \pi/6$，(b) では $\theta_1 = \theta_2 = \pi/4$ とする．

❷ マニピュレータが**図 5.11**(a)(b) の 2 つの状態のとき，与え

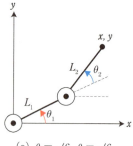

(a) $\theta_1 = \pi/6$, $\theta_2 = \pi/6$

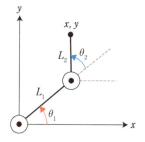

(b) $\theta_1 = \pi/4$, $\theta_2 = \pi/4$

図 5.10 順運動学の計算

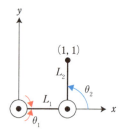

(a) $x=1$, $y=1$, $L_1=1$, $L_2=1$

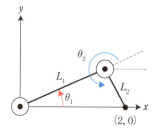

(b) $x=2$, $y=0$, $L_1=\sqrt{3}$, $L_2=1$

図 5.11 逆運動学の計算

られた手先位置から関節角度を計算せよ．ただし，(a) では $L_1 = L_2 = 1$ とし，手先位置を $(x,y) = (1,1)$ とする．また，(b) では $L_1 = \sqrt{3}$, $L_2 = 1$ とし，手先位置を $(x,y) = (2,0)$ とする．

③ 式 (5.1) の順運動学の計算式を導出し，$L_1 = L_2 = 200\,[\mathrm{mm}]$, $\theta_1 = 0.4\,[\mathrm{rad}]$, $\theta_2 = 0.1\,[\mathrm{rad}]$ の場合について，手先座標 (x,y) を計算せよ．

④ 5.3 節の逆運動学の計算式を導出し，上の章末問題 ③ の計算で得られた手先位置 (x,y) を代入し，そのときの関節角度が，$\theta_1 = 0.4\,[\mathrm{rad}]$, $\theta_2 = 0.1\,[\mathrm{rad}]$ となることを確かめよ．

⑤ 図 **5.12**(a)(b) の 2 つのマニピュレータに対し，順運動学の計算と逆運動学の計算をせよ．

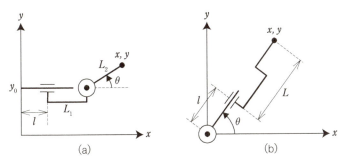

図 5.12　順運動学と逆運動学の計算

コラム　逆三角関数

ここで，逆運動学計算で用いた cos の逆関数である arccos について補足説明しておこう．今，例として

$$y = \cos\theta \tag{5.13}$$

を考える．具体的な数値として $\theta = \pi/4\,[\mathrm{rad}]$ として数値を代入すると，$y = 1/\sqrt{2}$ として y の値が計算できる．つまり，上式は θ の値を入力した際に，$\cos\theta$ の値を出力すると考えることができる．

反対に関数 arccos は，図 **5.13** のように，はじめに $y = \cos\theta$ の y の

値がわかっていたときに，そのときの θ の値を計算する関数である．例えば，$y = 1/\sqrt{2}$ が与えられているとき，そのときの角度 θ は $\pi/4$ となる．この計算が arccos である．数式的に記述するならば，

$$\theta = \arccos(y) = \arccos\left(\frac{1}{\sqrt{2}}\right) = \frac{\pi}{4} \tag{5.14}$$

と記述できる．つまり arccos は，入力として $\cos\theta$ の値が与えられた際に，そのときの θ の値を出力する関数といえる．

この計算例では θ の角度が計算しやすい角度なので，暗算でも計算可能であるが，暗算が無理な角度の場合には関数表や関数電卓やエクセル，コンピュータ言語の関数を使って計算する．ただし，一般的に出力される角度の単位は [rad] であることに注意が必要である．また，arccos は他に $\cos^{-1}$ と表記される場合もあるが，逆数としての $1/\cos\theta$ の意味である $\cos^{-1}\theta$ と混同するので注意が必要である．計算機などでは arccos は acos などと省略することもある．

ここでは cos の逆関数 arccos について説明したが，逆三角関数としては sin に対応した arcsin， tan に対応した arctan も存在する．

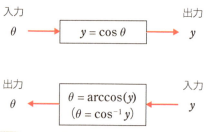

図 5.13　三角関数と逆三角関数の入出力のイメージ

第6章 ロボット用アクチュエータ

STORY

　ある日の昼下がり，研究所では博士と助手がティータイムで紅茶をのみながら休憩時間を楽しんでいた．並進・回転運動と運動学を覚えたホイールダック2号は嬉しそうに，二人の周りを動いている．ふと，ティーカップを机におき，博士のほうを見る助手．助手「博士．そういえばホイールダック2号＠ホームで，新しくマニピュレータとかが付きましたけど，あの中身ってどういう風になってるんですか？　腕を動かす部品とか…」博士「ん？　アクチュエータのことかな？　いやー，機械設計のほとんどは工場長に任せたからなー」　そのとき，研究所のドアが開いて作業着を着た精悍(せいかん)な顔つきの男性が入ってきた．工場長「アクチュエータのことなら俺に話させろ！」博士＆助手「こっ……工場長！！」

図 6.1　昼下がりのティータイムに工場長登場

6.1 ロボット用アクチュエータの種類

　これまで，ホイールダック2号に増設されたマニピュレータの制御に必要な基礎知識について学んできた．今後はこれらの知識を総動員してホイールダック2号にマニピュレータ制御を実装していくわけであるが，その際に必要となるのが，ロボット用アクチュエータやセンサの知識である．そこで，本章ではロボット用アクチュエータを取り扱い，7章ではロボット用センサの仕組みを解説していく．これらの知識は実際にロボットを開発したり，実際のロボットの運動を考えるうえで非常に重要となる．

　一般にロボット用アクチュエータの選定のポイントには，コスト，発生力（発生トルク），耐久性，質量，速度や応答性などがある．また，運動の種類も大きなポイントで，駆動部が回転するものをロータリアクチュエータ（回転アクチュエータ），前後方向に動作するものをリニアアクチュエータ（直動アクチュエータ）と呼ぶ．本書では特にアクチュエータの駆動原理に注目し，**電磁駆動**，**油圧駆動**，**空気圧駆動**，その他の4つに分類して解説していく．

6.2 電磁駆動アクチュエータ

6.2.1 直流モータの仕組み

　電磁駆動アクチュエータは，磁界中に電流を流すことで力を生じるローレンツ力や，磁力を駆動に利用するアクチュエータの総称である．読者がロボット用アクチュエータといえば，真っ先に思い浮かべるのが，この種のアクチュエータであろう．ただし，一言で電磁駆動アクチュエータといっても，その駆動原理によりさらに細分化され，直流モータ，交流モータ，ステッピングモータなどの種類が存在する．

　本書では代表的な電磁駆動アクチュエータとして，基礎的な電磁気学の知識で理解できる**直流モータ**[1]について取り扱う．**図6.2**を見てほしい．ホイールダック2号@ホームでは，増設したマニピュレータやホイールの駆動に直流モータを用いているのだ．直流モータはブラシを介して電源に接続されているコイルの左右を磁石で挟み，磁場中のコイルに電流を流し，コイルに力が生じることで軸が回転する．簡単のために，**図6.3**(a)のようなコイルの導線が1本の場合を考えよう．磁場の中の導線に電流を流すとフレミング

---

[1] DCモータともいう．

062　[第6章] ロボット用アクチュエータ

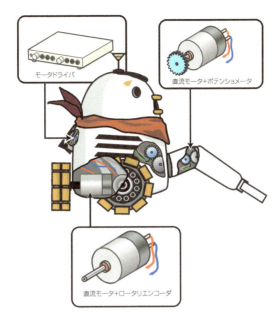

図 6.2 ホイールダック 2 号@ホームのマニピュレータやホイールの駆動に用いられる直流モータとモータドライバ

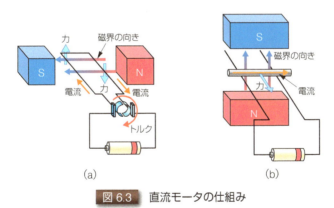

図 6.3 直流モータの仕組み

の左手の法則に従って**ローレンツ力**が生じる[2]．磁界を発生させるための磁石には電磁石と永久磁石を用いる方法があるが，比較的小型の直流モータの場合には，永久磁石を用いることが多い．

電磁気学の基礎を思い出し，図 6.3(b) のように，磁場の影響を受ける導線

---

[2] フレミングの左手の法則とは，磁界中の導体に電流が流れた際に導体に生じる力（ローレンツ力）の力・磁界・電流の向きを示す法則である．左手の親指と人差し指と中指をそれぞれ直角に立てたとき，親指が力の方向，人差し指が磁界の方向，中指が電流の方向を示す．

に電流を流した場合を考えよう. 磁石によって発生する磁場の磁束密度を B [N/Am], 導線の磁界の影響を受ける部分の長さを l [m], 導線に流れる電流を i [A] とする. このとき, この導線に加わる力 F [N] は, 以下の公式で表される.

$$F = iBl \tag{6.1}$$

これがローレンツ力である. このローレンツ力が図 6.3(a) のようにコイルに働くことで, 回転軸にトルクが生じる. 式 (6.1) は導線が 1 本の場合に生じる力であるが, 導線を何回もコイル状に巻き重ねると, 流れる電流は同じでも巻いた分だけ発生力を大きくすることができる.

図 6.3(a) の例では, 回転軸の角度によってコイルを横切る磁束密度が変化してしまい, 生じる力も回転軸の角度に依存してしまう. そこで実際の直流モータでは, コイルを複数巻き, さらに巻く方向を複数に分散させている. この工夫により, 回転軸の角度が変化しても, コイルに作用する磁束密度 B が一定とみなすことができる. したがって, 式 (6.1) より, 直流モータの回転軸に生じるトルク τ [Nm] は電流 i に比例し, 以下のように考えることができる.

$$\tau = K_m i \tag{6.2}$$

ここで K_m は比例定数であり, モータの**トルク定数**と呼ぶ.

逆にいえば, 直流モータの軸に対して特定のトルクを発生させる必要な場合では, 式 (6.2) を逆算して, それに対応する電流を制御用コンピュータからモータに入力してやればよい [3]. ただし, 式 (6.2) は, あくまでも軸の角速度がゼロで, 軸が静止した状態での式となる. 実際に回転運動が生じる場合には, 慣性モーメントの影響や角速度によって生じる逆起電力 [4] などを考慮しなくてはならない.

直流モータは一般に取扱いは容易であるが, 大きなトルクを発生させることが難しいという短所がある. 理論上はコイルに流す電流を大きくすれば, 大きなトルクを得られる. しかし, 実際にはあまり大きな電流を流すと, 内部のコイル自身のもつ電気抵抗からコイル自体が発熱し, コイルが焼き切れてしまうのである. したがって, モータ内部に流せる電流には上限が存在する. また, コイルの巻き数を増やせば, 理論的にはその分だけ発生トルクは増えるが, 今度はコイルの質量が増加し, 結果として慣性モーメントが大き

---

[3] この概念はあくまでも理想的な式であり, 実際にはコイルの電流飽和や磁石の特性, 軸の摩擦などの影響を受ける.
[4] 逆起電力については 7.3.1 節にて解説する.

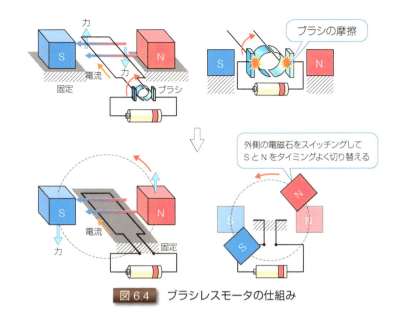

図 6.4 ブラシレスモータの仕組み

くなってしまう．そこで，多くの場合にはギア（減速機）を組み合わせることで，大きなトルクを発生させている．ギアとは歯車などの機械要素であり，ギア比（歯車比，減速比）に比例したトルクを得ることができる．しかし，ギアを組み合わせると回転速度の低下や質量の増加などを招き，これらが問題点となる場合もある[5]．

また，ブラシを介して回転中にコイルに流れる電流の正負をスイッチングしているため，ブラシが摩耗する．長時間使用しているとブラシが破損し，コイルに電流が流せなくなる（**図 6.4** 上）．したがって，「寿命が短い」という欠点も存在する．このブラシに関する欠点を克服したものが**ブラシレスモータ**である．簡単にいえば，ブラシレスモータでは，図 6.4 下のようにコイルのブラシを廃止して，軸を動かないように固定し，導線を電源からコイルへ直接接続する．外側の磁石を電磁石に置き換えて，その電磁石のＳ極とＮ極をタイミングよく切り替えて，外側の磁石を回転させる仕組みである．

6.2.2 直流モータのトルク制御（モータドライバ）

直流モータでは，入力された電流 i と軸へ出力されるトルク τ とが比例関係にあることを説明した．直流モータを組み込んだマニピュレータの場合には，モータの軸トルク τ を制御用コンピュータによって制御したい．しかし，

---

[5] ギアの特性については 8.2.1 節も参照のこと．

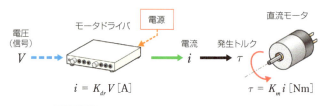

図 6.5 直流モータとモータドライバの関係

残念なことに一般に制御用コンピュータだけでは，モータに対し直接的に任意の電流 i を与える機能はもっていない．しかし，6.6 節で説明する **DA 変換器**という機器をコンピュータに接続することで，コンピュータから任意の電圧の出力が制御可能となる．

ここで登場するのが**モータドライバ**である．モータドライバとは，モータを駆動（ドライブ）させる装置であり，モータの種類によってさまざまな仕組みをもつが，直流モータの場合には，次式のように入力電圧 V [V] に比例した出力電流 i [A] を発生させる機能を有する．

$$i = K_{dr}V \tag{6.3}$$

ここで K_{dr} は比例定数である．**図 6.5** のようにモータドライバに直流モータを接続することで，モータドライバに入力される電圧 V に対し，モータの発生トルク τ は式 (6.2) に式 (6.3) を代入することで，次式のように比例関係で示される．

$$\tau = K_m K_{dr} V \tag{6.4}$$

したがって，式 (6.4) を逆算し，目標トルクに対応した電圧をモータドライバに入力することで，目標トルクを発生させることができる．ただし，ここで注意点としては，モータドライバに入力する電圧信号はあくまでも電位差についての情報であって，モータそのものを駆動させるエネルギーをもっていない．そこで，モータドライバには別途，モータそのものを駆動させるための電源供給を必要とする．

再び図 6.2 を見てほしい．ホイールダック 2 号@ホームの背中には増設されたバックパックが存在している．バックパックの下部には増設されたバッテリが搭載されており，上部には関節部の直流モータを駆動させるモータドライバが備わっている．増設バッテリからの電源供給により，モータドライバを介して電流を制御し，直流モータのトルクの制御が可能となっているのだ．

6.3 油圧駆動アクチュエータ

　油圧駆動アクチュエータにおいて，読者が最も目にする機会が多いのは，ショベルカーなどに使用されている油圧シリンダであろう．これは，図 6.6 に示すような直動アクチュエータである．油圧シリンダの原理としてはシリンダ内部に外部ポンプから圧力を加えられた非圧縮性の油が流入することで，ピストンを駆動させる．流入する油は少しずつでも，ピストンの断面が大きければ大きな力が生じる．

　このアクチュエータは，一般にスピードは遅いがその発生力を大きくすることができるため，大きな力を必要とする土木・建築機械に多く用いられている（ショベルカーもマニピュレータの一種と考えられる）．ただし，ポンプの騒音や油漏れなどの観点から，病院などの静音・クリーンな状態が要求される環境では利用が困難である．また，実際に動作させる場合にはポンプなどの設備も別途必要となる．このような長所と短所から土木・建築分野のアクチュエータとして利用が多いのは，必然であるといえる．今回はシリンダのように直線的な動作をする直動アクチュエータを紹介したが，通常のモータのように回転する油圧モータなども存在する．

　なお，ホイールダック2号@ホームの本体には，油圧駆動アクチュエータは利用されていないが，図 6.7 のように研究所のホイールダック2号用の昇降機に，油圧シリンダが利用されている．

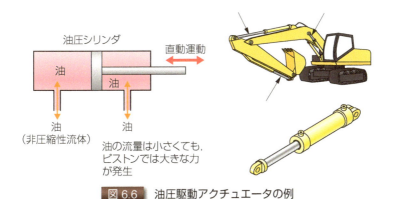

図 6.6 油圧駆動アクチュエータの例

図 6.7　ホイールダック 2 号 @ ホームの昇降機

6.4　空気圧駆動アクチュエータ

　空気圧駆動アクチュエータにはいくつかの種類が存在するが，その 1 つが空気圧シリンダである．**図 6.8** に示すように，この基本的な構造は油圧駆動の油圧シリンダの構造とよく似ている．ポンプ（コンプレッサ）などの外部装置は必要であるが，駆動するシリンダ自体は小型・軽量化することが容易であり，大きな長所の 1 つである．

　油圧駆動との一番の違いは，非圧縮性の油の代わりに圧縮性[6]の空気を利用する点である．日常的にロボットを使用する場面では，宇宙空間や水中でない限り，多くの場合，空気は作業空間の周囲に実用上は無限に存在する．そこで，ポンプ（コンプレッサ）で周囲の空気を取り込んでシリンダ内部に

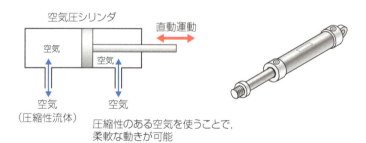

図 6.8　空気圧駆動アクチュエータの例

---
[6] 外部から圧力を加えると体積が変化する性質のこと．

図 6.9　空気圧駆動の人工筋肉

図 6.10　ホイールダック 2 号＠ホームのクチバシに組み込まれた空気圧シリンダ

送りこむことで，直線運動を実現する．空気の圧縮性のため油圧駆動と比較すると生じる力は小さいが，それでも電磁駆動アクチュエータに比べれば容易に大きな力を発生させることができる．

　一方，油と異なり空気は圧縮性であるから，シリンダの外部から力を加えられた場合にシリンダ内部の空気が圧縮され，外部からの力に対しピストンの動きが柔軟に変化することが可能となる．この点は油圧シリンダと大きく異なる点である．また，油圧駆動と異なり，仮にシリンダ内部の空気が漏れたとしても，周囲を汚したりしないことも大きな長所である[7]．

　空気圧駆動アクチュエータは，シリンダの他にも，圧縮空気の動きを回転運動に変換した空気圧モータがある．また，柔軟なゴムチューブを用いることで人工筋肉として用いられることもある．その柔軟性から人間との親和性が高く，パワーアシスト装置などにも積極的に利用されるアクチュエータである（図 **6.9**）．

---

[7] ただし，圧縮性の空気により，シリンダが爆発する危険性が存在するという別の短所も存在する．

ホイールダック 2 号@ホームのクチバシは，彼の発音と連動して動作するが，このクチバシの駆動には小型空気圧シリンダが用いられている（図 6.10）．

6.5 その他のアクチュエータ

その他の代表的なロボット用アクチュエータとして，水圧駆動アクチュエータや超音波アクチュエータ，形状記憶合金を用いたアクチュエータ，有機アクチュエータなどが存在する．以下では，超音波アクチュエータについて解説する．

6.5.1 超音波アクチュエータ

超音波アクチュエータの代表的なイメージとしては，図 6.11 のような超音波モータがある．超音波モータは振動する振動部（ステータ部）に回転部（ロータ部）をバネなどで押し付ける．振動を誘発する部品[8]を用いて振動部を振動させ，その表面波を回転部に伝達させることで回転させる．簡単にいえば，子供の頃に遊んだ「トントン相撲」のようなものである．

長所としては，比較的大きなトルクを取り出せること，回転部が振動部に密着するように圧力が加えられているため，回転部と振動部の間の静止摩擦[9]により非駆動時にも回転部に保持力が働くこと，直流モータのようなコイルがないために小型・軽量化が容易であることなどが挙げられる．一方，短所

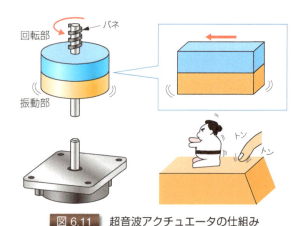

図 6.11 超音波アクチュエータの仕組み

---

[8] 圧電素子などが用いられる．
[9] 静止摩擦については，巻末付録も参照のこと．

としては，回転部と振動部の間が摩耗しやすく寿命が短いことなどがある．ホイールダック2号@ホームでは超音波アクチュエータはハンドの開閉に利用されている．

6.6 DA 変換器（DA コンバータ）

6.2.2 節で解説したように，直流モータのトルク制御をしたい場合には，制御用コンピュータから指定の電圧値を発生させ，その電圧をモータドライバに入力すればよい．しかし，残念なことに通常のコンピュータには任意の電圧を発生させる機能は持ち合わせていない．そこで登場するのが **DA 変換器**（**DA コンバータ**）である．

DA とは「デジタル–アナログ」の略であり，DA 変換とはデジタル量をアナログ量に変換することである．ロボット制御では，コンピュータの制御プログラムにより，望ましいアクチュエータ出力（例えば発生トルク）などを決定する．ここでポイントは，計算された望ましいアクチュエータ出力は，あくまでもプログラム上の数値，つまりデジタル量に過ぎないという点である．DA 変換器はプログラム上の数値を実際の**アナログ電圧**に変換する装置である．

DA 変換器は**図 6.12** のように接続して用いる．図 6.12 では制御コンピュータのプログラム計算の結果，アクチュエータ出力として「2.3」という数値を得られたとする．このプログラム上の数値では，実際にアクチュエータを駆

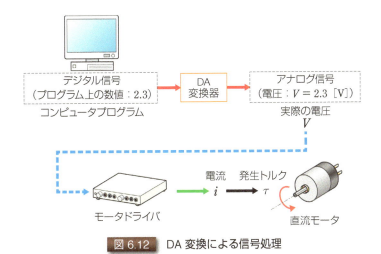

図 6.12　DA 変換による信号処理

動できない．そこで，DA 変換器により 2.3[V] という電圧に変換して出力するのである．あとは先述したようにこの電圧をモータドライバに取り込めば，直流モータをコンピュータ内の数値に比例したトルクで駆動させることができるのである．

これまで解説したように，ホイールダック 2 号@ホームにはさまざまなアクチュエータが内蔵されており，それらを駆動させることでホイールダック 2 号の動作を実現しているのだ．

まとめ

- ロボット用アクチュエータには電磁駆動，油圧駆動，空気圧駆動などの種類が存在する．
- 電磁駆動アクチュエータの 1 つである直流モータは，入力される電流に比例したトルクを発生させる．
- 油圧駆動アクチュエータは，大きな力を発生させることが容易である．
- 空気圧アクチュエータは，圧縮性の空気を利用して柔軟な運動を発生させることが可能である．
- DA 変換器とはデジタル信号をアナログ信号に変換する装置である．

章末問題

❶ 一般的なブラシ付き直流モータの短所と長所について簡単にまとめよ．

❷ 一般的な油圧駆動アクチュエータについて短所と長所を簡単にまとめよ．

❸ 一般的な空圧駆動アクチュエータについて短所と長所を簡単にまとめよ．

❹ 一般的な超音波アクチュエータについて短所と長所を簡単にまとめよ．

❺ ある直流モータのトルク定数が 15 [Nm/A] であった．このモータに電流として 0.5[A] と 1.2 [A] を入力した際の発生トルクを求めよ．

ロボット用
センサ

第7章

STORY

　ある日の夕方，博士と助手は3杯目の紅茶を飲み終えながら，工場長の話を聞いていた．工場長「…というわけだ．わかったかな」助手「は…はい．よくわかりました！」　助手は目を輝かせて話す工場長の情熱に圧倒されながらも，とても勉強になったと思っていた．ただのティータイムのつもりだったが，別の意味でもお腹いっぱいになっていた．ティータイムが2時間以上になってしまった．仕事に戻らないといけない．工場長も休憩時間終了とばかりにドアの方向へと歩いていった．博士「アクチュエータはわかったけど，センサのほうはどうなってるんだっけー？」　そのとき，ドアの手前で立ち止まった工場長が振り向き，精悍な顔に満面の笑みを浮かべてこういった．工場長「センサのことなら俺に話させろ！」助手「……！！！！」　研究所のティータイムは続く．

図7.1　ティータイムを終え研究所を立ち去りかける工場長

7.1 ロボット用センサの種類

本章ではロボットで用いられる**センサ**について解説していく．センサとは一言でいえば「距離や力，温度などの物理量を計測する装置」である．通常，ロボットにはさまざまなセンサが利用されている．多くのロボット用センサの中で代表的なセンサを挙げれば

・角度センサ　　・角速度センサ　　・力センサ
・距離センサ　　・加速度センサ　　・温度センサ

などがある．ロボットを設計する場合や実際に動かす場合には，使用するセンサの測定可能な物理量や測定精度，測定可能な周波数帯域などを知っておく必要がある．

マニピュレータを制御するうえで，特に利用頻度が高いのは，角度センサ，角速度センサ，力センサの3つである．これら3つについても具体的にはさまざまなタイプのものが存在するが，本章では，これら3つのセンサのうち，容易にその仕組みが理解できる代表的なものを紹介する．

7.2 角度センサ

角度センサは図**7.2**のように回転軸をもち，その回転軸の角度を計測するセンサである．見た目は直流モータとよく似ている．ただし，自分自身で軸を回転させることはできず，軸を外部から回転させることで，回転軸の角度が出力される．角度センサの代表的なものに，**ポテンショメータ**と**エンコーダ**がある．

図 7.2　角度センサのイメージ

7.2.1 ポテンショメータの仕組み

はじめに，ポテンショメータについて説明する．ポテンショメータは電気抵抗をもつ直流回路を利用した角度センサである．図 6.2 を見てほしい．ホイールダック 2 号@ホームに増設されたマニピュレータの関節部には角度センサとして，このポテンショメータが搭載されている．

ポテンショメータの基本的な仕組みを理解してもらうために，電気抵抗をもつ直流回路の説明をしよう．今，**図 7.3** のように長さ L [m] の一様な電気抵抗をもつ直流回路を考える．回路に与える電圧 V_{AC} を 10 [V] とし，電気抵抗の両端を点 A と点 C とする．また，電気抵抗上に点 B があり，端点 A と電気抵抗上のある点 B にかかる 2 点間の電圧 V_{AB} [V] を電圧計で計測する．ここで端点 A は常に固定であるが，点 B は電気抵抗上を左右に移動できるとし，2 点間の距離を L_{AB} [m] とする．今，点 B が端点 C と同じ場所にあったとき，2 点間の距離は $L_{AB} = L$ [m] であり，電圧 $V_{AB} = 10$ [V] となる．

次に点 B が電気抵抗の真ん中（$L_{AB} = 0.5L$）にあったときを考える．ここで，AC 間の電気抵抗を仮想的に AB 間の電気抵抗 1 と BC 間の電気抵抗 2 と分離して考えると，これは電気回路の基礎で習う「電気抵抗の直列結合」と同じである．したがって，AB 間の電圧は $V_{AB} = 5$ [V] となる．さらに点 B が移動して，$L_{AB} = 0.1L$ のところにあるとしよう．この場合も AC 間の電気抵抗を 2 つの電気抵抗に分解し，直列結合していると考える．この場合では AB 間の電圧は $V_{AB} = 1$ [V] となる．

今回は簡単のために，AC 間にかかる電圧を $V_{AC} = 10$[V] としたが，一般に電気抵抗上の点 B の位置が変化したとき，AB 間の電圧 V_{AB} は次式で求

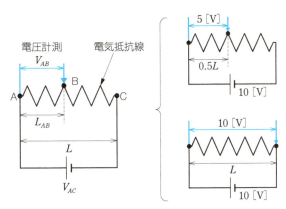

図 7.3 電気抵抗値の電圧を計測することで距離がわかる仕組み

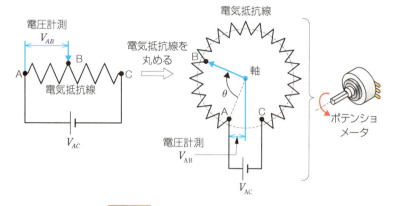

図 7.4　ポテンショメータの仕組み

まる．

$$V_{AB} = \frac{L_{AB}}{L} V_{AC} \tag{7.1}$$

したがって，AB 間の距離 L_{AB} は計測した電圧 V_{AB} から逆算して，以下のように求めることができる．

$$L_{AB} = \frac{V_{AB}}{V_{AC}} L \tag{7.2}$$

以上の仕組みは，実際に左右方向の距離 L_{AB} を計測する**距離センサ**として用いられている．次に，この原理を回転運動に応用して，角度を計測する角度センサに拡張してみよう．

図 7.3 の直流回路を，**図 7.4** のように電気抵抗線をグルっと丸めて円状にし，点 B は時計の針のように回転する部品の先端に取り付けるとしよう．この部品は軸によって回転し，点 B は円状の電気抵抗に接しながら移動する．このときの軸の角度を θ [rad] とし，先ほどと同様に回路全体に加える電圧を V_{AC} とする．先述した直流回路と同様に AB 間の電圧を計測することで，円周上の円弧の距離 AB を計測することが可能となる．

今，点 B が点 C と一致したときの角度を最大角度とし，これを θ_{max} [rad] とする．このとき，円弧の距離 AB と回転角 θ は一対一に対応する．例えば，電圧 $V_{AB} = 0.5 V_{AC}$ [V] であれば，角度 $\theta = 0.5 \theta_{max}$ [rad] であることが理解できる．このように，電圧 V_{AB} を計測することで角度 θ を次式のように計算できる．

$$\theta = \frac{V_{AB}}{V_{AC}} \theta_{max} \qquad (7.3)$$

以上が，ポテンショメータの仕組みである．

ポテンショメータの一般的な特徴として，「構造が簡単」「安価」などの長所が存在するが，点 B が電気抵抗線と物理的に接触して移動するため，接点が磨耗して破損しやすく「寿命が短い」ことや，周囲の電磁波の影響などから電圧計測の際に「ノイズが生じやすい」などの短所がある．

今回は簡単のために軸が 1 周しか計測できないポテンショメータで説明したが，図 7.4 の電気抵抗線を螺旋状にし，接点 B を螺旋階段のように移動させれば，複数回の軸回転に対応した回転角度を計測できるようにもなる．

7.2.2 エンコーダの仕組み

次にエンコーダ（もしくはロータリエンコーダ）と呼ばれる角度センサの仕組みを簡単に説明する．エンコーダは図 7.5 のように回転軸に薄い円盤を接続し，その円盤に一定の間隔でスリット（溝）を刻んでおく．エンコーダ内部には発光体が存在し，そこから出た光は円盤のスリットを通過し，受光部で感知する．円盤のスリットがない場所では光は遮られ，受光部で感知できない．したがって，軸が一定方向に回転すると，回転角度が増加するにつれて受光部での受光回数が増加する．このとき，受光の有無はパルス状で現れる．この光のパルスの回数をカウンタと呼ばれる装置で計測することで回転数を計測するのが，エンコーダの角度計測の仕組みである．例えば，軸が 1 周すれば 360 パルス計測されるようにスリットを刻んでおいたとする．このとき回転によって 60 パルスの受光が計測できれば，それは 60 度回転した

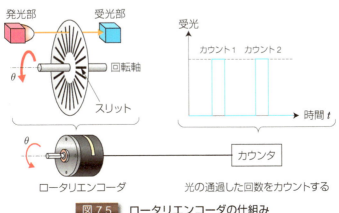

図 7.5 ロータリエンコーダの仕組み

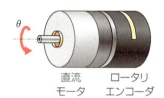

図 7.6　モータと角度センサが一体になった製品の例

ことになる．スリットの数が増えれば，それだけ小さな角度が計測できる．よって「1 周あたり，いくつのパルス数を出力できるか」がエンコーダの計測精度となる．

図 7.5 の例ではわかりやすく説明するためにシンプルなイラストを用いたが，このイラストでは逆回転しても受光パルス数が増加してしまい，正転と逆転の区別ができない．そこで実際のエンコーダでは受光部を複数にして，回転方向を検出することで，正しい軸角度が計測できるように工夫されている．

エンコーダはポテンショメータのような機械的接点がないので「寿命が長い」という長所がある．また，パルス数はデジタル信号なので，「ノイズが生じない」という長所もある．一方でポテンショメータよりも，「構造が複雑」「価格が高い」などの短所も存在する．角度センサは，単品のセンサとして使用できるが，モータの回転角度を計測したい場合には，図 7.6 のように直流モータと角度センサの軸が接続され，セットになった製品が存在している．この場合は，モータの軸角度が直接計測できる．

ホイールダック 2 号@ホームでは，図 6.2 のようにオムニホイールの回転角を計測するために，ロータリエンコーダを用いている．

7.3　角速度センサ

7.3.1　角速度センサの仕組み

最も簡単な**角速度センサ**の 1 つは，直流モータの仕組みを利用したものである．直流モータは 6.2 節で解説したように，磁界中のコイルに電流を流し，コイルにローレンツ力を発生させて，トルクを得る．このとき，磁界・電流・発生力の関係はフレミングの左手の法則によって表現できる．

今，図 7.7(a) のように磁界中に 1 本の導線が存在していたとしよう．ローレンツ力を発生させた場合とは異なり，この導線には外部から電流は与えていないとする．この磁界中の導線を外部から運動させると，導線に電圧が生じる．

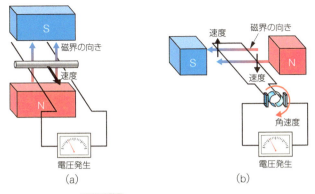

図 7.7 角速度センサの仕組み

これは誘導起電力といって，電磁気学の基礎では，磁束密度を B [N/Am]，導線の有効長を l [m]，導線の速度を v [m/s] としたときに生じる電圧 E [V] は次式となることを習う．

$$E = Blv \tag{7.4}$$

このとき磁界・電流の向き，運動の方向はフレミングの右手の法則によって表現される．この場合は 6.2.1 節のローレンツ力とは異なり，誘導起電力であるので左手の法則ではなく「右手の法則」である[1]．

直流モータの 2 つの特性，「磁界中で導線に電流を与えて力を発生させる」ことと，逆に「磁界中に導線を運動させて，電圧を発生させる」こととは，表裏一体の性質であるといえる．事実，直流モータではモータに電流を加えれば軸の回転運動を生じるが，逆に外側から軸を回転させることで，図 7.7(b) のようにコイルに電圧を生じる．このように，直流モータは単にアクチュエータとしての機能だけでなく，発電機としての機能を併せ持つ[2]．直流モータを発電機として利用する場合には，式 (7.4) の特性よりモータ内部のコイルの速度に比例した電圧を生じる[3]．このコイルの運動速度は，軸回転の角速度に比例するため，生じる電圧 V [V] と軸の角速度 ω [rad/s] の関係は以下

---

[1] フレミングの右手の法則は，磁界中を運動する導体に生じる起電力の向きを示す．右手の親指と人差し指と中指をそれぞれ直角に立てたとき，親指が運動の方向，人差し指が磁界の方向，中指が起電力の方向を示す．

[2] モータに電流を加えて運動させた場合にも，発電現象を起こし，加えた電流と逆向きに発電が起こる．これが逆起電力と呼ばれるものであり，回転速度が増加すると逆起電力と入力電圧がつり合ってしまう．直流モータに一定の電流を加えたとき，ある一定の回転速度で飽和してしまうのは，この逆起電力が原因である．

[3] 6.2 節で解説したように，コイルの巻き方向を複数に設計することで，発生電圧が軸角度に依存せず，角速度のみに依存するように工夫してある．

のように与えられる．

$$V = K_\omega \omega \tag{7.5}$$

ここで K_ω は比例定数である．以上のように直流モータ（と同じ仕組みのもの）を外部から軸を回転させ，生じる電圧を計測することで，角速度センサとして用いることができる．

7.3.2 角度センサを用いた間接的な角速度計測

マニピュレータの関節の角速度を計測するには，7.3.1 節で説明した角速度センサを用いる方法が一番最初に思いつく．しかし，関節部の周辺にはアクチュエータや角度センサがすでに搭載されている場合が多く，それらに加えて角速度センサを搭載するのはコスト，重量，メンテナンスの面から避けたい．そこで，角度センサを用いた間接的な角速度の計測について解説しよう．

一般にコンピュータを用いてセンサ計測を行う場合には，計測は極めて短い周期で行われている．例えば，0.001 秒ごとに計測されるといった具合である．この間隔のことを**サンプリング周期**とか**サンプリング時間**と呼ぶ [4]．今，サンプリング時間を Δt [s] とする．角度センサの回転軸のある瞬間の角度 θ を計測したとき，Δt [s] 前に計測された角度を θ' とする．このとき，Δt 秒間に変化した角度 $\Delta \theta$ は $\Delta \theta = \theta - \theta'$ となる．**図 7.8** のように Δt 間の平均角速度 $\overline{\omega}$ [rad/s] は傾きを計算すればよいので，以下で求めることができる．

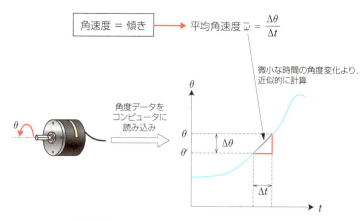

図 7.8 角度センサを用いた角速度の近似計測

---

[4] サンプリング時間は一定なのが理想だが，コンピュータへの計算負荷や処理の優先順位などにより変動する場合もある．

$$\overline{\omega} = \frac{\Delta\theta}{\Delta t} \tag{7.6}$$

ここで計算されるのは，Δt 秒間の角度変化に対する平均角速度であり，Δt が十分に小さければ精度の良い近似となることが多い[5]．

ホイールダック2号@ホームでは，マニピュレータ制御において，関節角速度の計測を必要としている．ただし，ホイールダック2号の体の中のスペースが足りず角速度センサを関節内部に搭載できなかったため，この方法を用いて間接的に各関節の角速度を計測している．

7.4 力センサ

7.4.1 歪ゲージを使った力センサ

ロボットのマニピュレータに作業をさせる場合，手先位置だけでなく，手先の力を制御したい場合がある．このようなときには，手先の発生力を**力センサ**で計測する必要な場合がある．力センサにはいくつかの種類が存在するが，ここでは**歪**ゲージを使った力センサの仕組みを説明する．この力センサは**図 7.9** のようにホイールダック2号@ホームのマニピュレータ先端に搭載されている．

歪ゲージには，**図 7.10** のように薄いフィルムの中に，1本の電気抵抗線を何重にも往復して束ねて入れてある．この電気抵抗線をまっすぐに伸ばすと，

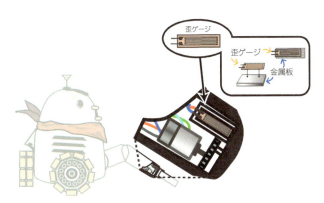

図 7.9 ホイールダック2号@ホームのマニピュレータに搭載された力センサ

---

[5] 角度センサの精度やサンプリング時間の長さによって，誤差が大きくなったり，ノイズがのったりする場合もある．その場合はサンプリング時間を変えてみたり，フィルタ処理を行ったりする．

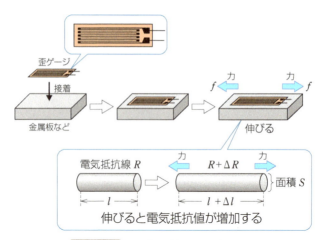

図 7.10 歪ゲージを用いた力センサ

それなりの長さとなる．用途に応じて歪ゲージの大きさはさまざまであるが，一例としては小指の爪くらいのものと思ってもらえれば大きさのイメージがつきやすいだろう．歪ゲージを力センサとして用いる場合には，歪ゲージ単体で用いるわけでなく，薄い金属板などの表面部に歪ゲージを接着する[6]．この金属板が外部から力を受ける部分である．

今，この金属板に対して引張り力 f を与えることを考えよう．金属板は微小ではあるが変形して引張り方向に伸ばされ，同時に接着した歪ゲージも引張り方向に伸ばされる．その結果，歪ゲージ内の電気抵抗線が引張り方向に伸ばされる．歪ゲージが微小な伸びでも，内部の電気抵抗線は何往復もしてあるため，その分だけ変形が増幅しているのがポイントである．

ここで，電気回路における電気抵抗線の知識を思い出そう．図 7.10 のように一様な電気抵抗線の抵抗値を R [Ω] とすると，抵抗値は以下のように長さ l[m] に比例し，面積 S[m^2] に反比例する．

$$R = \rho \frac{l}{S} \tag{7.7}$$

ここで ρ は抵抗率と呼ばれる定数である[7]．今，電気抵抗線が引張り力を受け，長さ l から伸ばされて $l + \Delta l$ になったとすると，電気抵抗値は増加し，

$$R + \Delta R = \frac{\rho(l + \Delta l)}{S} \tag{7.8}$$

となる．式 (7.8) において ΔR が増加した電気抵抗分である．ただし，断面

---

[6] 専用の接着剤や瞬間接着剤などを用いる．
[7] 実際には温度の影響も受けるが，温度による抵抗値の変化は無視できると仮定している．

積 S の変化は非常に小さく，S は一定と仮定している．

一方，力 f を与え，歪ゲージ内の電気抵抗線が Δl だけ伸びたとすると，フックの法則より次式が成り立つ．

$$\Delta l = k_l f \tag{7.9}$$

ここで k_l は比例定数とする．したがって，力 f による歪ゲージの電気抵抗線の抵抗値変化 ΔR は式 (7.7)〜(7.9) より，以下で表される．

$$\Delta R = \frac{\rho k_l}{S} f \tag{7.10}$$

以上より，力センサに加えられた力により，歪ゲージ内部の電気抵抗値が比例で変化することがわかる．

7.4.2 ホイートストンブリッジ回路を用いた電圧計測

式 (7.10) では歪ゲージに加えられた力が，電気抵抗値の変化として現れることがわかった．しかし，電気抵抗はコンピュータなどに値をそのまま取り込むことができない．そこで，式 (7.10) の抵抗値変化を電圧として読み取る方法を考えよう．ここで登場するのが**ホイートストンブリッジ回路**である．この回路は**図 7.11**(a)(b) のように，直流電源と 4 つの電気抵抗から構成される．

今，4 つの電気抵抗の値をそれぞれ R_1〜$R_4 [\Omega]$ とする．このとき，図 7.11(a) の回路のように，4 つの抵抗がすべて同じならば CD 間の電圧 V_{CD} [V] はゼロになることが知られている．しかし，図 7.11(b) のように 4 つの抵抗の

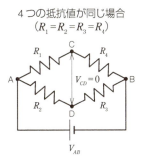
(a) 電圧（電位差）が生じない

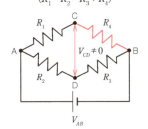
(b) 電圧（電位差）が生じる
抵抗値のバランスが崩れると電圧が生じる

図 7.11 ホイートストンブリッジ回路

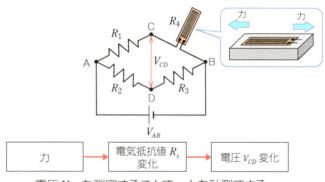

電圧 V_{CD} を測定することで，力を計測できる

図7.12 歪ゲージとホイートストンブリッジ回路を使った力計測

うち，1つの抵抗値（この場合では R_4）が変化した場合には，バランスが崩れ，CD間の電圧 V_{CD} に電圧が生じる．この原理を使って，歪ゲージの抵抗値の変化を電圧として読み取ることを考える．**図7.12** のように，4つの電気抵抗線のうち，$R_1 \sim R_3$ の電気抵抗を同じものとし，R_4 の代わりに金属板に接着した歪ゲージを取り付ける．$R_1 \sim R_3$ の電気抵抗を値 R [Ω]，歪ゲージの抵抗値を R_4 [Ω] とする．

はじめに，金属板に何も力を受けていないときの歪ゲージの電気抵抗値 R_4 は $R_1 \sim R_3$ と同じとしておく．つまり，力を受けていないとき，$R_4 = R$ となる．AB間にかかる電圧を V_{AB} とすれば，V_{CD} は以下のように計算できる（章末問題も参照のこと）．

$$V_{CD} = \frac{RR_4 - R^2}{2(R+R_4)R}V_{AB} \tag{7.11}$$

式 (7.11) より，力を受けていないとき $(R_4 = R)$ は，$V_{CD} = 0$ であるのが理解できる．

さて，金属板が力 f を受け，歪ゲージの抵抗値が $R_4 = R + \Delta R$ に変化したとすると，CD間に電圧（電位差）が生じ，V_{CD} は以下のように計算できる．

$$V_{CD} = \frac{(R+\Delta R)R - R^2}{2(2R+\Delta R)R}V_{AB} = \frac{\Delta R}{2(2R+\Delta R)}V_{AB}$$

このとき，$R \gg \Delta R$ であると見なせれば，次式のように近似できる．

$$V_{CD} \fallingdotseq \frac{V_{AB}}{4R}\Delta R$$

式 (7.10) より，結果的には金属板に加わる力 f と電圧 V_{CD} との関係は，次のように比例関係であると見なせる．

$$V_{CD} \fallingdotseq k_f f$$

ここで k_f は比例定数とする．したがって，電圧 V_{CD} を計測することで，金属板にかかる力 f を計測できる．以上が歪ゲージを利用した力センサの原理である．

7.5 AD 変換器（AD コンバータ）

7.5.1 AD 変換器の仕組み

多くのセンサでは，計測した物理量に比例した電圧を出力し，それを読み取ることで計測した物理量を知ることができる．したがって，ロボットのセンサから出力された電圧値をロボット内部のコンピュータに取り込むことができれば，その電圧値を逆算することで計測した元の物理量を知ることができる．センサからの電圧などのアナログ量をコンピュータプログラムで使用できる数値（デジタル量）として変換するものが **AD 変換器（AD コンバータ）** である．AD とは「アナログ–デジタル」の略である．

一般に我々の生活する実世界では，多くのシステムで計測されたデータはアナログで扱われる．例えば，角度センサで計測した電圧値などがそれである．一方，コンピュータの世界ではデータはデジタルで扱われる．つまり AD 変換器とは，センサから出力された電圧値を，コンピュータプログラム上の数値として使えるように変換する機器である．例えば**図 7.13** のように，センサからの出力電圧が 1.52 [V] だったとする．これだけでは単にアナログの電

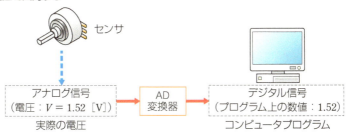

図 7.13　AD 変換による信号処理

圧値であるが，この電圧を AD 変換器を通してコンピュータに入力すると，電圧信号がプログラム上の数値「1.52」に変換される．あとはプログラムでこの数値をセンサから計測されたもともとの物理量に逆算すれば，その物理量をコンピュータ上のプログラムで取り扱うことができる．

7.5.2 DA/AD 変換器を用いたロボットのシステム構築

6 章と本章ではロボット用のアクチュエータとセンサ，および DA/AD 変換器について解説してきた．ロボットを動かす際にはこれらの要素をまとめて 1 つのシステムとして構築する必要がある．

説明を簡単にするために，**図 7.14** のようにマニピュレータの関節を駆動させるアクチュエータとして直流モータ，関節角度センサとしてポテンショメータを用いた例を考える．直流モータはモータドライバを介してトルクを発生させる．このシステムでは，以下のような手順でマニピュレータの関節の角度制御が可能となる．

Algorithm 7.1 関節の角度制御（図 7.14）

❶関節角度をポテンショメータで計測し，角度 θ をアナログの電圧値 v として出力する．

❷アナログ電圧として得られた角度データを，AD 変換器によりコンピュータで読み取り可能なデジタル値に変換し，プログラム内に取り込む．

❸プログラム上でデジタル値を角度の値に逆算し，それを用いて，例えば PD 制御の方法などによりアクチュエータで発生させるべきトルク τ の値を計算する．

❹モータドライバに電圧を入力した際に直流モータから出力されるトルクの比例関係より，発生すべきトルクに相当する電圧を逆算し，DA 変換器を通じて実際のアナログ電圧値 V として出力する，

❺出力された電圧値をモータドライバを通して，電流値 i に変換する．

❻直流モータに電流が入力され，それに比例したトルク τ が生じる．

❼❶に戻る．実際にコンピュータ上では ❶〜❼ までを 1 ミリ秒（0.001 秒）以内の極めて短い時間に行うことが多い．

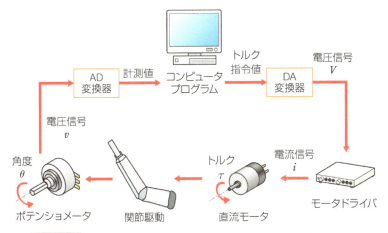

図 7.14 DA/AD 変換器・センサ・アクチュエータの制御システム

　これでホイールダック2号のマニピュレータ（ロボットアーム）を制御する基本的な準備は整った．いよいよ8章からは具体的なマニピュレータの制御について説明していこう．

まとめ

- ポテンショメータは，電気抵抗線の電圧を測定することで角度が計測できる．
- エンコーダは，発光体から出た光が円盤のスリットを通過した回数をカウントすることで角度を計測できる．
- 直流モータと同様の仕組みのものを，外部から軸を回転させることで，角速度センサとして利用できる．
- 角度センサを用いて間接的に角速度を計測できる．
- 歪ゲージとホイートストンブリッジ回路を用いることで，力計測ができる．
- AD 変換器を利用することで，センサから出力された電圧の値をコンピュータに取り込むことができる．

❶ 角度センサにおいて，ポテンショメータとエンコーダの仕組みの違いを示し，それぞれの短所と長所についてまとめよ．

❷ 計測角度の範囲が $0 \leq \theta \leq 320$ [deg] のポテンショメータに，電圧 5 [V] をかけ，回転角度を計測した．そのとき，出力された電圧が 1.4 [V] と 3.5 [V] であった．この 2 つの場合について，計測された角度を求めよ．

❸ 角速度センサを用いて，角速度と出力電圧の関係を測定したところ，角速度 2.5 [rad/s] において出力電圧が 2 [V] であった．この角度センサを用いて，ある運動を計測したところ，出力電圧が 3.2 [V] であった．このときの角速度を計算せよ．

❹ 歪ゲージとホイートストンブリッジ回路を組み合わせた力センサにおいて，力 25 [N] を加えたときの出力電圧が 4.8 [V] であった．次に，同じセンサを用いて力を計測したところ，出力電圧が 2.5 [V] であった．このときに計測した力の値を求めよ．

❺ 角度センサとしてポテンショメータ，関節駆動用のアクチュエータとして直流モータを用いてマニピュレータを製作したい．このマニピュレータにおいてセンサ・アクチュエータ・AD 変換・DA 変換を使ったロボット制御のシステム構築について，図を用いて説明せよ．その際，信号の物理量の変化についても説明せよ．

❻ ホイートストンブリッジ回路において，式 (7.11) を導出せよ．

関節座標系の位置制御

第 **8** 章

STORY

　ホイールダック 2 号がついに家庭で活躍するときがやってきた．未来都市ハカタに住む少女ホノカは，ホイールダック 2 号が家にくるのを今か今かと待っていた．玄関で待つホノカのところへ，ホイールダック 2 号がやってきた．ホノカ「いらっしゃい！よろしくね！」　ホノカが握手しようと差し出す右手の位置に，ホイールダック 2 号は手を伸ばそうとした．その瞬間．「ズドッ！」ホノカの腹部にホイールダック 2 号の手先が勢いよく打ち込まれた．ちょっと手を伸ばしすぎてしまったようだ．

　運動学で最終的な腕の角度がわかっても，手先が行き過ぎることなくスッと目標位置へうまくもっていけるかどうかは別の問題なのである．そう，ホイールダック 2 号はマニピュレータ（ロボットアーム）の制御方法を知らなかったのだ．

図 8.1　手先位置を適切に制御できず，ホノカを打撃してしまうホイールダック 2 号

8.1 PTP 制御と軌道制御

　本書におけるこれまでの内容を振り返ってみよう．1 章ではロボット制御についての基本用語を説明し，2～3 章では力学と PD 制御の概要を解説した．また，4～5 章では自由度・運動学を学び，6～7 章では，アクチュエータやセンサの仕組みについて解説した．これらの知識を総動員し，いよいよ本章ではマニピュレータの手先位置制御について説明していこう．

　マニピュレータの手先位置制御は，その運動に着目すると大まかに 2 つに分類することができる．それが **PTP 制御**と**軌道制御**である．

　PTP 制御とは Point-To-Point 制御の略である．手先位置をある点（ポイント）から目標点（ポイント）へと制御することを意味する．**図 8.2**(a) のように手先位置が初期位置 (x_0, y_0) にあったとき，目標位置 (x_d, y_d) に制御する．あくまでも目標位置への収束だけが目的であり，初期位置から目標位置までの軌跡は特に指定しないため，「軌道がどのようになるか」ということは議論の対象とならない．

　一方，軌道制御は軌道追従制御とも呼ばれ，図 8.2(b) のように，手先の目標軌道が $(x_d(t), y_d(t))$ として時間 t の関数として与えられたとき，それに追従するように運動させる制御方法である．

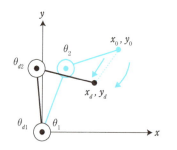 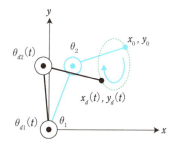

(a) PTP 制御（点から点への制御）　　(b) 軌道制御（目標軌道への制御）

図 8.2　PTP 制御と軌道制御

8.2 関節座標系 PD 制御

8.2.1 PD 制御を用いた 1 リンク 1 関節システムの PTP 制御

　3 章では，ホイールダック 2 号の旋回を題材にして，回転系の PD 制御を

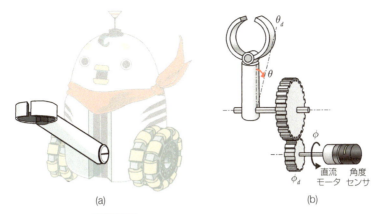

図 8.3 1リンク1関節システムの構造

行った.はじめに,この方法を拡張して1つの回転関節と1つのリンクをもつマニピュレータの PTP 制御について解説しよう.ただし,本節では話を簡単にするために,重力の影響は考えない.重力の影響については 8.3 節にて説明する.

今,**図 8.3**(a) のように,ホイールダック2号に1リンク1関節のマニピュレータが搭載されているとする.このマニピュレータには図 8.3(b) のように角度センサ,回転軸をもつアクチュエータなどが設置されている.アクチュエータの回転軸の角度を ϕ とし,ϕ は角度センサによって計測可能とする.角速度は 7.3.2 節で説明したように角度センサの値を用いて,間接的に得ることができる.アクチュエータはギア(減速機)を介して関節を駆動させる.このとき,関節角度 θ とアクチュエータの軸角度 ϕ にはギア比による比例関係がある[1].アクチュエータには直流モータを使用し,6 章で説明したようにコンピュータプログラムを介して任意のトルクを発生できるとする.ここでの目的は,「**ホイールダック2号の1リンク1関節マニピュレータの関節角度 θ を目標の関節角度 θ_d にする**」ことであるが,これはギア比を考慮し,目標関節角度 θ_d に対応したアクチュエータの軸角度 ϕ_d を計算したうえで,「**アクチュエータの軸角度 ϕ を目標の軸角度 ϕ_d に制御にする**」ことと等価と考える.ただし,ここではアクチュエータの目標の軸角度 ϕ_d は一定値とする.

今回の場合,3 章の回転系の PD 制御と同様に,回転のバネとダンパの概

---

[1] 今回の例では,アクチュエータ軸に接続されたギアと関節軸に接続されたギアのギア比を 1:n としたとき,アクチュエータの軸角度 ϕ と関節角度 θ の間には $\phi = n\theta$ の関係がある($\phi = 0$ のとき $\theta = 0$ としている).このとき角速度の関係は $\dot{\phi} = n\dot{\theta}$ となる.この2つのトルクを τ_ϕ, τ_θ とすると,トルクの関係は $n\tau_\phi = \tau_\theta$ となる.ただし,ギアの種類によっては ϕ から θ への変換の際に回転方向が逆転する場合があるので注意が必要である.

念を用いればよい．したがって，アクチュエータ軸に発生させるトルク τ を次式で与える．

$$\tau = K_p(\phi_d - \phi) - K_v\dot{\phi} \tag{8.1}$$

この PD 制御の式をコンピュータの内部でプログラミングし，実行することで，目的である 1 リンク 1 関節システムの関節角度の PTP 制御が可能となる．

8.2.2 PD 制御を用いた 2 リンク 2 関節システムの PTP 制御

さて，1 リンク 1 関節システムの PTP 制御を踏まえ，図 **8.4** の 2 リンク 2 関節システムに進んでいこう．このシステムは手先位置 (x, y) の 2 自由度に対し，関節自由度 (θ_1, θ_2) の 2 自由度であり，非冗長マニピュレータである．これまでと同様に重力の影響は無視し，関節部の機械摩擦は極めて小さく，滑らかに動作するものと仮定する．また，アクチュエータにより任意の関節トルクを発生できるものとし，関節角度 (θ_1, θ_2) と関節角速度 $(\dot{\theta}_1, \dot{\theta}_2)$ は角度センサを用いてリアルタイムに計測可能とする[2]．

今回の場合，手先は初期位置に存在しており，この手先位置を目標位置 (x_d, y_d) に PD 制御を用いて PTP 制御させることを目的とする．ただし，本節では目標位置 (x_d, y_d) は定点とし，運動中に変化しないものとする．また，図 8.3(b) のようにギアを介して関節軸とアクチュエータ軸が連結しており，関節角度とアクチュエータの軸角度はギア比から簡単に変換できる．これを踏まえ，より一般的な記述を目的に，以降では制御式を関節トルクと関節角度の式として与える．本節で紹介する手先の位置制御法では，以下の手順で制御を行う．

図 8.4　ホイールダック 2 号@ホームに搭載された 2 リンク 2 関節システム

[2] 角速度は角度センサを用いた間接的な計測で得られる．

Algorithm 8.1 手先の位置制御（関節座標系 PD 制御）

❶ 与えられた目標手先位置 (x_d, y_d) に対応した目標関節角度 $(\theta_{d1}, \theta_{d2})$ を 5.3 節で説明した逆運動学によって計算する．

❷ 逆運動学計算から得られた目標関節角度に対し，リアルタイムに計測した関節角度 (θ_1, θ_2) をそれぞれフィードバックし，各関節ごとに PD 制御を行い，関節トルク (τ_1, τ_2) に制御入力として次式を与える．

$$\begin{cases} \tau_1 = K_{p1}(\theta_{d1} - \theta_1) - K_{v1}\dot{\theta}_1 \\ \tau_2 = K_{p2}(\theta_{d2} - \theta_2) - K_{v2}\dot{\theta}_2 \end{cases} \quad (8.2)$$

ただし，先述したように，実際にはギア比を考慮して対応するアクチュエータの軸角度・トルクに変換する必要がある．

この制御法は式 (8.1) にて説明した 1 リンク 1 関節システムの PD 制御を，2 つの関節を同時に制御するよう拡張し，目標値を目標手先位置 (x_d, y_d) から逆運動学を介して得られた関節角度 $(\theta_{d1}, \theta_{d2})$ としたうえで，図 **8.5** のように各関節に仮想的なバネ (K_{p1}, K_{p2}) とダンパ (K_{v1}, K_{v2}) のトルク (τ_1, τ_2) を与えるシンプルな考え方である．このように，それぞれの関節に対して目標の関節角度に PD 制御する方法を**関節座標系 PD 制御**という．ただし，今回用いた PTP 制御では，一定の目標位置へ収束するかどうかだけを議論しており，その途中の軌道は議論の対象ではない．したがって，図 8.2(a) のように，初期手先位置から目標手先位置への実際の軌道は必ずしも直線にならない．この制御法ではあくまでも各関節角ごとに仮想バネとダンパを与えて

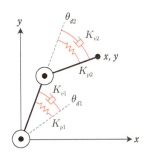

図 8.5 2 リンク 2 関節の場合の関節座標系 PD 制御のイメージ

おり，手先運動の軌道の直線性を考慮していないからである．軌道を直線にする考慮に関しては 10.2 節で取り扱う．

また，特に重要なのが，今回の2リンク2関節システムの例では，関節自由度が2自由度と少ないために，5章で紹介した逆運動学の計算を容易に行える点である．一般に自由度が増加していくと，5章で説明したように逆運動学の計算式を求めることが困難となる．このような場合には，ダイレクトティーチング[3] などにより目標関節角度を決めたりする．

8.3 重力補償

8.3.1 重力の影響による誤差

これまでの手先位置制御の例では，重力の影響を無視し説明してきた．しかし，実際には重力の影響を無視できないことも多い．本節では，重力の影響が無視できない場合について，その対応策を考えてみよう．

図 8.6(a) では y 軸のマイナス方向に重力が働いており，2リンク2関節マニピュレータが重力の影響を受ける場合である．このような状態で式 (8.2) の PD 制御を行った場合，各関節角は重力の影響を受ける．最終的に収束する関節角は目標角度からずれ，関節角の PD 制御のバネ要素と重力がつり合ったところで静止する．マニピュレータの自重が小さい場合や比例ゲインが十分に大きい場合には，この誤差は小さいが，場合によっては無視できなくなる．

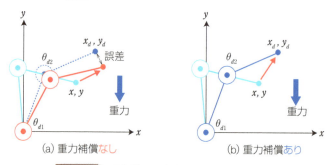

図 8.6　重力補償の有無による収束性の違い

---

[3] 実際にマニピュレータの関節角度を変化させて目標手先位置に移動させ，対応した目標関節角度を決めていく方法のこと．

また，重力の影響が真下（マイナス y 方向）に働くからといって，必ずしもロボットの手先位置が真下方向にずれるわけではない．これは，ロボットの腕が回転するためであるが，理論的な重力の影響については後述する 8.3.3 節の各関節の重力の影響を計算することで求めることができる．

8.3.2　1リンク1関節システムの場合の重力補償

　重力による影響を打ち消すために，制御式に重力を補償する項を加え，重力による影響を打ち消すことを検討する（図 8.6(b)）．このように重力の影響を打ち消すことを**重力補償**という．

　ここで一度，マニピュレータから離れて，最も簡単な力学の例で重力補償を考えてみよう．今，**図 8.7**(a) に示すように，質量 m [kg] の物体が，鉛直下向きに重力の影響を受けるとする．そして，高さ $y = h$ [m] のところで静止するように，この物体に力 f_g [N] を上向きに加え，重力の影響を補償することを考えよう．物体が一定の力を受けて移動した際のエネルギーは力×距離で計算できる．したがって，重力加速度を g [m/s^2] とすると，物体のもつ重力によるポテンシャルエネルギー（位置エネルギー）U は $U = mgh$ で表される．この式は力 mg を距離 y で積分することで得られる [4]．

$$U = \int_0^h mgdy = [mgy]_0^h = mgh \tag{8.3}$$

逆に，重力補償に必要な力 f_g は重力のポテンシャルエネルギー U を距離 y で微分して次式で求められる．

$$f_g = \frac{dU}{dy} = mg \tag{8.4}$$

簡単にいえば，今回の例では，重力のポテンシャルエネルギーをその変位で微分することで，重力補償に必要な力を計算できる．

　この概念を回転関節をもつマニピュレータに拡張しよう．いきなり2リンク2関節システムを扱うのは少々難しいので，まずは図 8.7(b) のような1リンク1関節システムを考えよう．図中には○に十字のような記号が存在するが，この記号は重心位置を意味する．このシステムではリンクの質量は m，関節中心からリンク重心までの距離を l_g，関節角度を θ とする．また，重力を補償する関節トルクを τ_g とする．このとき，リンクの重力によるポテン

---

[4] 距離 x に依存する力 $f(x)$ があり，物体が力 $f(x)$ を受けて並進運動した際のポテンシャルエネルギー（位置エネルギー）U は $U = \int f(x)\,dx$ で与えられる．したがって $dU/dx = f$ となる．今回の場合のように，力 f が一定の場合には $U = \int f\,dx = fx$ となる．

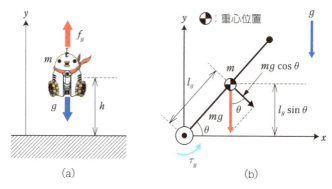

図 8.7 重力補償の計算例 1

シャルエネルギー U はリンクの重心位置の関係より次式で与えられる．

$$U = mgl_g \sin\theta \tag{8.5}$$

式 (8.4) の例を回転系に拡張し，ポテンシャルエネルギー U を関節変位（この場合は関節角度 θ）で微分してやれば，重力補償するトルク τ_g を求めることができる．結果的に以下のようになる．

$$\tau_g = \frac{dU}{d\theta} = mgl_g \cos\theta \tag{8.6}$$

実際に位置制御を行う場合には，制御式に重力補償するトルクである式 (8.6) を加えればよい．例えば，PD 制御の場合には，以下のようになる．

$$\tau = K_p(\theta_d - \theta(t)) - K_v\dot{\theta} + \tau_g \tag{8.7}$$

8.3.3 2リンク2関節システムへの重力補償の拡張

次に，2リンク2関節システムの重力補償を説明しよう．今，**図 8.8** のようなシステムがあり，各リンクは重力の影響を受けているとする．それぞれのリンクの質量を m_1 と m_2，関節中心からリンク重心までの距離を l_{g1} と l_{g2} とする．また，リンク1の長さを l_1 とする．τ_{g1}，τ_{g2} はそれぞれの関節の重力補償するトルクであり，U_1，U_2 はそれぞれのリンクのポテンシャルエネルギーとする．このとき，U をシステムのもつ全ポテンシャルエネルギーとすると，以下で与えられる．

$$U = U_1 + U_2 \tag{8.8}$$

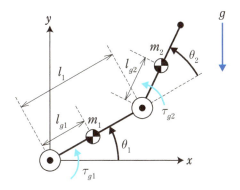

図 8.8 重力補償の計算例 2

ここで各リンクの重心位置より，

$$U_1 = m_1 g l_{g1} \sin\theta_1 \tag{8.9}$$
$$U_2 = m_2 g (l_1 \sin\theta_1 + l_{g2} \sin(\theta_1 + \theta_2)) \tag{8.10}$$

である．次に全ポテンシャルエネルギー U をそれぞれの関節角度 θ_1, θ_2 で偏微分する[5]．結果として重力補償トルク τ_{g1} と τ_{g2} として以下を得る．

$$\begin{aligned}\tau_{g1} &= \frac{\partial U}{\partial \theta_1} \\ &= m_1 g l_{g1} \cos\theta_1 + m_2 g (l_1 \cos\theta_1 + l_{g2} \cos(\theta_1 + \theta_2))\end{aligned} \tag{8.11}$$

$$\begin{aligned}\tau_{g2} &= \frac{\partial U}{\partial \theta_2} \\ &= m_2 g l_{g2} \cos(\theta_1 + \theta_2)\end{aligned} \tag{8.12}$$

重力補償を行う場合，重力補償トルク τ_{g1}, τ_{g2} を制御式に加えることで，重力によって生じる関節トルクを相殺することができ，重力の影響を取り除くことができる．PD 制御の場合には式 (8.2) の代わりに，以下の関節トルクを制御入力として与えればよい．

$$\begin{cases} \tau_1 = K_{p1}(\theta_{d1} - \theta_1) - K_{v1}\dot\theta_1 + \tau_{g1} \\ \tau_2 = K_{p2}(\theta_{d2} - \theta_2) - K_{v2}\dot\theta_2 + \tau_{g2} \end{cases} \tag{8.13}$$

---

[5] 偏微分の詳細な説明は他書に譲るが，簡単にいえば，U を θ_1 で偏微分する場合には θ_2 を定数とみなし，U を θ_1 のみで微分すればよい．『図解入門よくわかる物理数学の基本と仕組み』秀和システム などを参照のこと．

8.4 PTP制御を用いた簡易的な軌道制御

これまでに紹介してきた関節座標系 PD 制御の式 (8.2) や式 (8.13) では，目標手先位置を 1 点かつ定点として与えた場合の PTP 制御であった．これを拡張し PTP 制御の目標手先位置を複数用意して，これを順番に切り換えることで，簡易的な軌道制御が可能となる．ここでは，図 8.4 のような 2 リンク 2 関節システムに対し，時間 t で変化する目標の手先運動 $(x_d(t), y_d(t))$ を考えよう．せっかくなので重力の影響も考慮に入れておく．

ここでは逆運動学などを介して，目標の手先運動 $(x_d(t), y_d(t))$ に対応した目標関節軌道 $(\theta_{d1}(t), \theta_{d2}(t))$ はあらかじめ計算されているとする．この目標関節軌道に対し，式 (8.2) の代わりに式 (8.14) で求まる $(\tau_1(t), \tau_2(t))$ を制御入力として与えることで，目標の手先運動 $(x_d(t), y_d(t))$ に追従するような簡易的な軌道制御が可能となる．

$$
\begin{cases}
\tau_1(t) = K_{p1}(\theta_{d1}(t) - \theta_1(t)) + K_{v1}(\dot{\theta}_{d1}(t) - \dot{\theta}_1(t)) + \tau_{g1}(\theta_1(t)) \\
\tau_2(t) = K_{p2}(\theta_{d2}(t) - \theta_2(t)) + K_{v2}(\dot{\theta}_{d2}(t) - \dot{\theta}_2(t)) + \tau_{g2}(\theta_2(t))
\end{cases}
$$

$$(8.14)$$

定点 (x_d, y_d) を目標手先位置とした式 (8.2) では，目標角度 $(\theta_{d1}, \theta_{d2})$ が定数であり，最終的に運動が静止することが目的であったため，目標の関節角速度 $(\dot{\theta}_{d1}, \dot{\theta}_{d2})$ はゼロであった．しかし，軌道制御を行う式 (8.14) では，時間 t の変化に伴い，目標の関節角速度 $(\dot{\theta}_{d1}(t), \dot{\theta}_{d2}(t))$ が時々刻々と変化する．したがって，これを考慮した速度フィードバック（式 (8.14) の右辺第 2 項）が必要となる．

さて，この方法では，ある時間 t において，そのときの関節角度と関節角速度が目標値と誤差を生じる状態，すなわち $\theta_{di}(t) \neq \theta_i(t)$ や $\dot{\theta}_{di}(t) \neq \dot{\theta}_i(t)$ $(i = 1, 2)$ でなければ，関節トルクが生じない（重力補償分を除いて）．つまり，目標軌道に対して，実際の軌道に遅れが生じ，目標軌道に完全に一致することはありえない．運動のイメージとしては**図 8.9** のように現在の手先位置が目標軌道を追いかけていくような感じである．これは「目の前に人参をぶら下げられた馬」をイメージしてもらえれば理解しやすいだろう．馬はぶら下げられた人参を食べようと人参の方向に移動するが，人参が馬より速く動けば，人参を食べることはできない．それでも目標の運動が十分に遅く，フィードバックゲインを大きくとることができる場合には，比較的に高い精

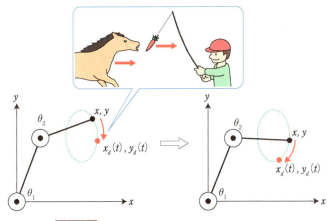

図 8.9 PTP 制御を用いた簡易的な軌道制御

度で軌道制御が可能となる[6]．なお，より高精度に手先を軌道制御するには，13.3 節にて紹介する計算トルク法などがある．

ホイールダック 2 号に搭載されたマニピュレータ（ロボットアーム）の基本的な位置制御をマスターできた．これで，きっとホイールダック 2 号はホノカの右手の位置にきちんと手先を動かすことができるだろう．

> **まとめ**
> - PTP 制御は手先位置の目標点への制御であり，軌道制御は手先位置の目標軌道への追従制御である．
> - マニピュレータの関節座標系 PD 制御法では，逆運動学を用いて目標手先位置に対応した目標関節角度を計算し，各関節で PD 制御を行う．
> - 重力補償はポテンシャルエネルギーを変位で微分（偏微分）することで計算できる．
> - PTP 制御において，目標点を複数設定することで簡易的な軌道制御が可能となる．ただし，この方法では目標の軌道に完全に一致させることは不可能である．

---

[6] ただし，フィードバックゲインを極端に大きくとると，システムが不安定になる場合もあるので，十分なゲインチューニングが必要となる．

章末問題

① PTP 制御と軌道制御の違いを説明せよ．

② マニピュレータの手先の目標位置が与えられた際に，関節座標系 PD 制御を行う場合の方法を説明せよ．

③ 図 8.10 のようにホイールダック 2 号が角度 θ の坂道の上に存在する．ホイールダック 2 号が静止するように力 f を与えたい．このときに必要な力 f を計算せよ．ただしホイールダック 2 号の質量は m とする．

④ 図 8.7(b) に示す 1 リンク 1 関節システムの重力補償のトルクを実際に計算せよ．

⑤ 図 8.8 に示す 2 リンク 2 関節システムの重力補償のトルクを実際に計算せよ．

⑥ 図 8.11 に示すような直動 1 自由度と回転 1 自由度をもつマニピュレータがある．各関節の重力補償を計算せよ．

⑦ 関節座標系 PD 制御で PTP 制御を組み合わせて，簡易的に軌道制御を行う場合，目標軌道に対し，高精度の軌道追従が不可能な理由を説明せよ．

図 8.10 ホイールダックが力 f を受けて，角度 θ の坂道を駆け上がる

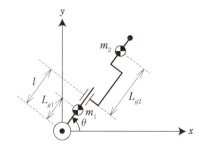

図 8.11 直動関節と回転関節をもつ 2 自由度のマニピュレータ

速度制御

第9章

STORY

　位置制御もできるようになり，ホイールダック2号はホノカにコップやペットボトルをとってあげられるようになった．そんなホイールダック2号に満面の笑みを浮かべるホノカ．「ダックくん，ペットボトルのお茶をコップに注いでくれるかな？」　コップをホイールダック2号に差し出すホノカ．少し遠くにいるホノカのコップに届くように，ホイールダック2号はマニピュレータ（ロボットアーム）を限界まで伸ばした．そして，ホノカのコップにお茶を注ごうとした，その瞬間．「ブォンブォンブォン！」　マニピュレータが暴走し，ペットボトルの中のお茶が部屋中にぶちまけられた．ズブ濡れになりながら，ぽかんとするホノカ．ホイールダック2号は知らなかった．限界まで腕を伸ばしたその場所が「特異姿勢」と呼ばれることを……

図 9.1　特異姿勢まで腕を伸ばしてしまい，お茶をぶちまけてしまうホイールダック2号

9.1 ベクトル・行列の基礎

これまで説明した関節座標系 PD 制御を行えば，ロボットの位置制御は可能となる．本章では運動中の手先速度と関節角速度の関係などを説明していくが，本章での議論を進めるうえで，**ベクトル・行列**の知識，つまり**線形代数**の知識は必要不可欠となる．

ここでは，準備として基礎的な 2 次元のベクトルと 2 × 2 の行列を解説する．ただし，基本的なことしか取り扱わない．より一般的な内容については本書のブックガイドに紹介する書籍などを参考に勉強することをお勧めする．

9.1.1 ベクトル・行列の定義と基礎的な計算

ベクトルは以下のように縦列や横列に数字が格納されたまとまりである．

$$\boldsymbol{a} = (1,\quad 2), \qquad \boldsymbol{b} = \begin{pmatrix} 4 \\ 5 \end{pmatrix}$$

$\boldsymbol{a}$ のように横に数字の並んだものを**行ベクトル**（もしくは横ベクトル）と呼び，$\boldsymbol{b}$ のように縦に並んだものを**列ベクトル**（もしくは縦ベクトル）と呼ぶ．$\boldsymbol{a}$ や $\boldsymbol{b}$ のように 2 つの数字を格納しているベクトルを 2 次元ベクトルと呼ぶ．

高校の数学などでは，$\vec{a}$ のように変数の上に矢印（→）を加えて，ベクトルを表記することもあるが，本書では $\boldsymbol{a}$ のように変数に**太字**を用いることでベクトルを表記する．また，1 つの数字のみを表すスカラー量 [1] は a のように細字とする．

行列とは数字が四角状に格納されたまとまりである．ベクトルと同様に行列についても，太字を用いて

$$\boldsymbol{A} = \begin{pmatrix} a_1 & a_2 \\ a_3 & a_4 \end{pmatrix}, \quad \boldsymbol{B} = \begin{pmatrix} b_1 & b_2 \\ b_3 & b_4 \end{pmatrix}$$

のように表記する．$\boldsymbol{A}$ や $\boldsymbol{B}$ のように縦に 2 つ，横に 2 つの数字を格納している行列を 2 × 2 行列という．行列において縦の成分のまとまりを「列」といい，横の成分のまとまりを「行」という．例えば行列 $\boldsymbol{A}$ の 1 列目は

$$\begin{pmatrix} a_1 \\ a_3 \end{pmatrix}$$

---

[1] スカラー量とは，方向をもたず大きさのみをもつ量．

102 [第 9 章] 速度制御

であり，2 行目は

$$(a_3, \ a_4)$$

となる．また，列ベクトルを

$$\boldsymbol{a}_1 = \left(\begin{array}{c} a_1 \\ a_3 \end{array} \right), \quad \boldsymbol{a}_2 = \left(\begin{array}{c} a_2 \\ a_4 \end{array} \right)$$

と定義したとき，行列 $\boldsymbol{A}$ は

$$\boldsymbol{A} = (\boldsymbol{a}_1 \ \ \boldsymbol{a}_2)$$

と表記することもできる．同様に行ベクトルを $\boldsymbol{b}_1 = (b_1, b_2)$，$\boldsymbol{b}_2 = (b_3, b_4)$ と定義すれば，行列 $\boldsymbol{B}$ は

$$\boldsymbol{B} = \left(\begin{array}{c} \boldsymbol{b}_1 \\ \boldsymbol{b}_2 \end{array} \right)$$

とも表記できる．ロボット工学では一般的に行列を表現するときは $\boldsymbol{A}$ や $\boldsymbol{B}$ のように大文字を用い，ベクトルを表記するときは $\boldsymbol{a}$ や $\boldsymbol{b}$ のように小文字を用いることが多い．ベクトル・行列の加減法（足し算・引き算）については，以下のように各成分同士を加減する．

$$\boldsymbol{a_1} \pm \boldsymbol{a_2} = \left(\begin{array}{c} a_1 \pm a_2 \\ a_3 \pm a_4 \end{array} \right), \quad \boldsymbol{A} \pm \boldsymbol{B} = \left(\begin{array}{cc} a_1 \pm b_1 & a_2 \pm b_2 \\ a_3 \pm b_3 & a_4 \pm b_4 \end{array} \right)$$

また，ベクトル・行列のスカラー倍は，α, β をスカラー量としたとき，

$$\alpha \boldsymbol{a_1} = \left(\begin{array}{c} \alpha a_1 \\ \alpha a_3 \end{array} \right), \quad \beta \boldsymbol{B} = \left(\begin{array}{cc} \beta b_1 & \beta b_2 \\ \beta b_3 & \beta b_4 \end{array} \right)$$

となる．

次に，行列とベクトルの乗法（かけ算），および行列同士の乗法は以下で定義される．

$$\boldsymbol{B} \boldsymbol{a_1} = \left(\begin{array}{c} b_1 a_1 + b_2 a_3 \\ b_3 a_1 + b_4 a_3 \end{array} \right), \quad \boldsymbol{AB} = \left(\begin{array}{cc} a_1 b_1 + a_2 b_3 & a_1 b_2 + a_2 b_4 \\ a_3 b_1 + a_4 b_3 & a_3 b_2 + a_4 b_4 \end{array} \right)$$

ただし，一般的に乗法はかける行列の順番が変化すると，計算結果も変化し，$\boldsymbol{AB} \neq \boldsymbol{BA}$ となる．単位行列 $\boldsymbol{I}$ は

9.1 ベクトル・行列の基礎 **103**

$$I = \begin{pmatrix} 1 & 0 \\ 0 & 1 \end{pmatrix} \tag{9.1}$$

で定義され，例外的に任意の 2×2 行列 C に対し，$CI = IC = C$ が常に成立する．

9.1.2 逆行列

今，あらたに行列 A を以下で定義しなおす．

$$A = \begin{pmatrix} a & b \\ c & d \end{pmatrix}$$

ここで，$ad - bc \neq 0$ の場合，式 (9.2) で定義される**逆行列** A^{-1} が存在する．

$$A^{-1} = \frac{1}{ad - bc} \begin{pmatrix} d & -b \\ -c & a \end{pmatrix} \tag{9.2}$$

行列 A に対する $ad - bc$ の値のことを**行列式**といい，$|A|$ と表記する．つまり，$|A| = ad - bc$ となる．行列 A に逆行列 A^{-1} が存在する場合，次式が成立する．

$$A^{-1}A = AA^{-1} = I$$

また，2 つの行列 A と B をかけ合わせた行列 AB があり，行列 AB の逆行列 $(AB)^{-1}$ が存在するとき，以下が成立する．

$$(AB)^{-1} = B^{-1}A^{-1}$$

9.1.3 転置と微分

本書では，$a^{\top}$ や $A^{\top}$ のようにベクトルや行列の右上に $\top$ が追加された表現が出てくる．これをベクトルや行列の**転置**という [2]．転置はベクトルや行列の行と列を入れ替えたものであり，例えばベクトル a_1 と行列 A が

$$a_1 = \begin{pmatrix} a_1 \\ a_3 \end{pmatrix}, \quad A = \begin{pmatrix} a_1 & a_2 \\ a_3 & a_4 \end{pmatrix}$$

---

[2] 右上の $\top$ は転置 (tenchi) の T ではない．英語で転置のことを transpose というので，その頭文字である．

で与えられるとき，これらの転置は以下となる．

$$a_1^\top = (a_1, a_3), \quad A^\top = \begin{pmatrix} a_1 & a_3 \\ a_2 & a_4 \end{pmatrix}$$

行列 AB の転置である $(AB)^\top$ には次式の関係が成立する．

$$(AB)^\top = B^\top A^\top$$

上式の行列 B を 2 次元列ベクトル c に置き換えた場合について，$(Ac)^\top$ は次式となる．

$$(Ac)^\top = c^\top A^\top \tag{9.3}$$

また，ある変数 x に対し，関数 $f_1(x)$, $f_2(x)$ があり，ベクトル f が

$$f = \begin{pmatrix} f_1(x) \\ f_2(x) \end{pmatrix}$$

で表されるとき，これをベクトル値関数という．

最後に，ベクトルと行列の微分と積分について説明しよう．スカラー量に対して時間 t での微分が定義されたように，ベクトル・行列にも以下のように時間 t の微分が定義できる．

$$\frac{da_1}{dt} = \dot{a}_1 = \begin{pmatrix} \dot{a}_1 \\ \dot{a}_3 \end{pmatrix}, \qquad \frac{dA}{dt} = \dot{A} = \begin{pmatrix} \dot{a}_1 & \dot{a}_2 \\ \dot{a}_3 & \dot{a}_4 \end{pmatrix}$$

同様に，以下のように時間 t の積分が定義できる．

$$\int a_1 dt = \begin{pmatrix} \int a_1 dt \\ \int a_3 dt \end{pmatrix}, \qquad \int A dt = \begin{pmatrix} \int a_1 dt & \int a_2 dt \\ \int a_3 dt & \int a_4 dt \end{pmatrix}$$

9.2 速度関係とヤコビ行列

9.2.1 手先速度と関節角速度の関係

さて，ベクトルと行列の基礎的な知識を確認したところで，いよいよ手先速度と関節角速度の関係を求めよう．この関係式が利用できれば，速度制御などに利用可能となる．この速度関係を求めるには，手先位置と関節角度の

図形的な関係である運動学を拡張する.

一般に,関節角度から手先位置を求める順運動学は,逆運動学に比べて計算が容易であることから,この順運動学を拡張していく.5.2 節で求めた図 5.6 の 2 リンク 2 関節マニピュレータの順運動学を再度記述しよう.

$$\begin{cases} x = L_1\cos\theta_1 + L_2\cos(\theta_1 + \theta_2) \\ y = L_1\sin\theta_1 + L_2\sin(\theta_1 + \theta_2) \end{cases}$$

上式は,このままでは単に図形的な関係しか示していない.しかし,この順運動学の両辺を時間 t で微分すると,以下の式を得ることができる.

$$\begin{cases} \dot{x} = -L_1\dot{\theta}_1\sin\theta_1 - L_2(\dot{\theta}_1 + \dot{\theta}_2)\sin(\theta_1 + \theta_2) \\ \dot{y} = L_1\dot{\theta}_1\cos\theta_1 + L_2(\dot{\theta}_1 + \dot{\theta}_2)\cos(\theta_1 + \theta_2) \end{cases} \tag{9.4}$$

ただし,式 (9.4) の計算において,各関節角度 (θ_1, θ_2) は時間 t によって変化する関数であることから,合成関数の微分を用いて,

$$\frac{d}{dt}\sin\theta(t) = \frac{d\theta}{dt}\frac{d\sin\theta}{d\theta} = \dot{\theta}\cos\theta$$

$$\frac{d}{dt}\cos\theta(t) = \frac{d\theta}{dt}\frac{d\cos\theta}{d\theta} = -\dot{\theta}\sin\theta$$

であることに注意が必要である.

式 (9.4) のままでも手先速度と関節角速度の関係を表現できているが,ベクトルと行列を用いることで,以下のように数式が整理できる.

$$\begin{pmatrix} \dot{x} \\ \dot{y} \end{pmatrix} = \begin{pmatrix} -L_1\sin\theta_1 - L_2\sin(\theta_1 + \theta_2) & -L_2\sin(\theta_1 + \theta_2) \\ L_1\cos\theta_1 + L_2\cos(\theta_1 + \theta_2) & L_2\cos(\theta_1 + \theta_2) \end{pmatrix}\begin{pmatrix} \dot{\theta}_1 \\ \dot{\theta}_2 \end{pmatrix} \tag{9.5}$$

さらに手先位置 $\boldsymbol{x}$ と関節角度 $\boldsymbol{\theta}$ を以下で定義し,

$$\boldsymbol{x} = \begin{pmatrix} x \\ y \end{pmatrix}, \qquad \boldsymbol{\theta} = \begin{pmatrix} \theta_1 \\ \theta_2 \end{pmatrix}$$

同様に手先速度 $\dot{\boldsymbol{x}}$ と関節角速度 $\dot{\boldsymbol{\theta}}$ を以下で定義する[3].

$$\dot{\boldsymbol{x}} = \begin{pmatrix} \dot{x} \\ \dot{y} \end{pmatrix}, \qquad \dot{\boldsymbol{\theta}} = \begin{pmatrix} \dot{\theta}_1 \\ \dot{\theta}_2 \end{pmatrix}$$

---

[3] スペースの関係で,縦ベクトルを $\boldsymbol{x} = (x,\ y)^\top$,$\dot{\boldsymbol{x}} = (\dot{x},\ \dot{y})^\top$ のように転置を用いて表記することもある.

これらのベクトル表記を用いて，式 (9.5) を書き直すと以下のようになる．

$$\dot{\boldsymbol{x}} = \boldsymbol{J}(\boldsymbol{\theta})\dot{\boldsymbol{\theta}} \tag{9.6}$$

ここで，$\boldsymbol{J}(\boldsymbol{\theta})$ は 2×2 行列であり，以下のように定義される．

$$\boldsymbol{J}(\boldsymbol{\theta}) = \left(\begin{array}{cc} -L_1 \sin\theta_1 - L_2 \sin(\theta_1 + \theta_2) & -L_2 \sin(\theta_1 + \theta_2) \\ L_1 \cos\theta_1 + L_2 \cos(\theta_1 + \theta_2) & L_2 \cos(\theta_1 + \theta_2) \end{array} \right) \tag{9.7}$$

この行列 $\boldsymbol{J}(\boldsymbol{\theta})$ はロボットのマニピュレータを語るうえで極めて重要な役割をもつ．この行列のことを**ヤコビ行列**[4] という．

さて，再度，式 (9.6) を眺めてみよう．この式のポイントとしては関節角速度 $\dot{\boldsymbol{\theta}}$ と関節角度 $\boldsymbol{\theta}$ を入力すれば，そのときの手先速度 $\dot{\boldsymbol{x}}$ が計算できることである．つまり，ロボットの運動中に関節角速度 $\dot{\boldsymbol{\theta}}$ と関節角度 $\boldsymbol{\theta}$ をセンサにより計測できたとすれば（もしくは目標の関節運動がはじめから想定されているとすれば），式 (9.6) に代入することで，その運動に対応した手先速度を求めることができるのである．

9.2.2 手先速度と関節角速度の逆関係

ところで，式 (9.5) のようにベクトル・行列表記にしたのは，何か意味があるのだろうか．そもそも利点がないのなら，式 (9.4) の表現のままでよいはずである．このようなベクトル・行列の表記を用いると，以下のような利点が存在する．

> **ベクトル・行列表記の利点**
>
> - 表記が簡略化でき，小さなスペースで表現可能である．
> - ベクトル・行列の数学的なテクニックを使うことが可能となり，簡単に計算できたり，その数式のもつ特性を調べられる．
> - プログラムを組んでコンピュータ計算する場合には，ベクトル・行列計算により効率化することができる．

---

[4] ヤコビ行列とは厳密にいえば，ベクトルをベクトルで偏微分してできた行列のことの総称である．したがって，数学的にはベクトルをベクトルで偏微分してできた行列のすべてがヤコビ行列であるが，ロボット工学では特に断りがない限り，ヤコビ行列といえば順運動学を微分してできた式 (9.7) の行列を意味することが多い．なお，式 (9.7) の $\boldsymbol{J}(\boldsymbol{\theta})$ は，ベクトル $\boldsymbol{x}$ をベクトル $\boldsymbol{\theta}$ で偏微分してできたヤコビ行列である．

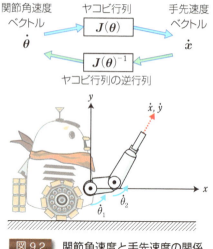

図 9.2 関節角速度と手先速度の関係

さっそくこれらの恩恵にあずかろう．式 (9.6) では右辺の関節角速度 $\dot{\boldsymbol{\theta}}$ を入力した際に，出力として手先速度 $\dot{\boldsymbol{x}}$ を計算できる．そこで逆行列を利用し，この逆関係を求めよう．今，ヤコビ行列 $\boldsymbol{J}(\boldsymbol{\theta})$ の逆行列 $\boldsymbol{J}(\boldsymbol{\theta})^{-1}$ が存在していると仮定し，式 (9.6) の両辺に左から $\boldsymbol{J}(\boldsymbol{\theta})^{-1}$ をかけると次式を得ることができる．

$$\dot{\boldsymbol{\theta}} = \boldsymbol{J}(\boldsymbol{\theta})^{-1} \dot{\boldsymbol{x}} \tag{9.8}$$

式 (9.8) は式 (9.6) とは逆に，右辺の手先速度 $\dot{\boldsymbol{x}}$ を入力することで，左辺の関節角速度 $\dot{\boldsymbol{\theta}}$ を得られることを意味する．式 (9.6) と式 (9.8) の関係をまとめたものが図 9.2 である．

これらの関係式を用いることで，速度関係を利用した，より高度な計測や制御が可能となる．例えば，先述したように運動中の関節角度 $\boldsymbol{\theta}$ と関節角速度 $\dot{\boldsymbol{\theta}}$ から，式 (9.6) を介して実際の手先速度 $\dot{\boldsymbol{x}}$ を求めることができる．また，目標の手先軌道 $\boldsymbol{x}_d(t)$ を時間微分した目標の手先速度 $\dot{\boldsymbol{x}}_d(t)$ が与えられたとき，$\boldsymbol{x}_d$ に対応する目標関節角度 $\boldsymbol{\theta}_d(t)$ と $\dot{\boldsymbol{x}}_d(t)$ を式 (9.8) に代入すると，目標関節角速度 $\dot{\boldsymbol{\theta}}_d(t)$ を得ることができる．

9.3 分解速度法による軌道制御

次に，式 (9.8) を応用したマニピュレータの運動制御の方法を紹介しよう．

一般に人間の腕のようにリンクが直列に連鎖した構造では，順運動学を計算することは容易であるが，逆運動学を計算することは容易でない（5 章参照）．特に関節自由度が増加すると，この特徴は顕著に現れる．逆運動学の計算が困難で，目標の手先位置に対応する目標関節角度を得ることが難しい場合には，8.2 節で紹介した関節座標系 PD 制御が利用できない場合がある．このような場合，10 章で後述するようなカメラなどを用いる制御法もあるが，ここでは式 (9.8) を利用する．

今，マニピュレータの関節自由度が多く，逆運動学の計算が困難な場合の軌道制御について考えてみよう．上記の理由により，目標の手先軌道 $x_d(t)$ が与えられた際，それに対応した目標関節角度 $\theta_d(t)$ を得ることが困難とする．

2 章や 7.3.2 節で説明したように，ある変位 p に対し，速度 $\dot{p} = dp/dt$ は変位 p を時間 t で微分したものであるが，近似的には十分に短い時間 Δt[5]に変化した変位量を Δp とすれば，$dp/dt \fallingdotseq \Delta p/\Delta t$ と考えることができる．したがって，この考え方を手先速度 $\dot{x}$ と関節角速度 $\dot{\theta}$ に応用すれば，

$$\dot{x} \fallingdotseq \frac{\Delta x}{\Delta t}, \qquad \dot{\theta} \fallingdotseq \frac{\Delta \theta}{\Delta t}$$

と考えることができる．これらを式 (9.8) に代入すれば，近似式として

$$\frac{\Delta \theta}{\Delta t} \fallingdotseq J(\theta(t))^{-1} \frac{\Delta x}{\Delta t} \tag{9.9}$$

を得ることができる．

この近似式を利用して軌道制御を行おう．この方法では，はじめに**図 9.3**のように目標の手先軌道 x_d に対し，そのときの手先運動を微小時間 Δt に分割する．次に式 (9.9) を用いて，手先の近似速度 $\Delta x/\Delta t$ を実現する近似関節角速度 $\Delta \theta/\Delta t$ を目標の関節運動として実現する．その結果として，手先を目標の手先軌道 x_d に近似的に追従させることができるのである．

アクチュエータとして直流モータを用いる場合では，一般的にはモータ軸の回転速度はモータに入力する電圧に比例する [6]．そこで，モータに入力される電圧を制御することで，容易に関節角速度を制御可能となる．したがって，この特性と式 (9.9) を用いることで手先の軌道制御が可能となる．この方法は，ヤコビ行列の逆行列を用いるという手間はかかるが，困難な逆運動学計算を一切用いることはなく，計算が容易な順運動学のみを用いるという点が大きな特徴である．このようなマニピュレータ制御法を**分解速度法**という．

---

[5] 例えば，$\Delta t = 0.001$ [s] などの短い時間．ただし，0.001 秒が十分に短い時間であるかは，そのときの対象とするシステムに依存する．

[6] ただし，運動の立ち上がり（過渡状態）でなく，十分に時間がたった定常状態である．

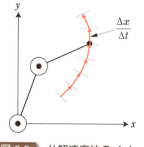

図 9.3 分解速度法のイメージ

　分解速度法では速度を蓄積して移動距離を得ており，これは直感的には速度を時間積分し，変位に変換していることを意味している．ただし，あくまでも近似的な関係式を用いていることから，運動中に誤差が蓄積することが問題となる．また，ヤコビ行列の逆行列を用いているため，次節で説明するように逆行列の存在しない姿勢付近では，関節角速度が極端に大きくなり，ロボットが暴走するなどの性質がある．それでも，特定の条件下では良好な制御が実現できることが知られている．

9.4　特異姿勢

　これまでの議論では，暗黙の了解としてヤコビ行列 $\boldsymbol{J}(\boldsymbol{\theta})$ の逆行列 $\boldsymbol{J}(\boldsymbol{\theta})^{-1}$ が存在していると仮定して，話を進めた．しかし，ヤコビ行列の中身は式 (9.7) に示すように関節角度 $\boldsymbol{\theta}$ によって変化するため，実際には，$|\boldsymbol{J}(\boldsymbol{\theta})| = 0$ となり，ヤコビ行列が逆行列をもたない場合も存在する．では，式 (9.7) から行列式 $|\boldsymbol{J}(\boldsymbol{\theta})|$ の値を計算してみよう．式 (9.2) を参照して次式を得る．

$$\begin{aligned}|\boldsymbol{J}(\boldsymbol{\theta})| &= \bigl(-L_1 \sin\theta_1 - L_2 \sin(\theta_1+\theta_2)\bigr)\bigl(L_2 \cos(\theta_1+\theta_2)\bigr) \\ &\quad - \bigl(-L_2 \sin(\theta_1+\theta_2)\bigr)\bigl(L_1 \cos\theta_1 + L_2 \cos(\theta_1+\theta_2)\bigr) \\ &= L_1 L_2 \sin\theta_2 \end{aligned} \quad (9.10)$$

以上より，$|\boldsymbol{J}(\boldsymbol{\theta})| = 0$ となるのは，θ_1 の値には関係なく，$\theta_2 = 0$ か $\theta_2 = \pi$ のときであることがわかる[7]．このときの姿勢を図 **9.4** に示す．図より $|\boldsymbol{J}(\boldsymbol{\theta})| = 0$ の状態は，マニピュレータのリンク 2 が完全に伸びきった状態，もしくは完全に折りたたまれた状態であることがわかる．この状態のと

---

[7] $0 \leqq \theta_2 < 2\pi$ を想定したとき．

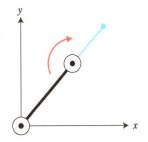
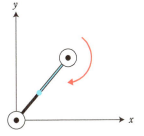

(a) リンク2が完全に伸びている　　(b) リンク2が完全に折りたたまれている

図 9.4　特異姿勢の例（$J(\theta)^{-1}$ が存在しない場合）

き，ヤコビ行列の行列式はゼロになり，ヤコビ行列は逆行列をもたない．このような姿勢のことを**特異姿勢**や**特異点**と呼ぶ．

マニピュレータが特異姿勢にあるとき，それはどのような意味をもつのかを考えよう．ここでヤコビ行列の逆行列 $J(\theta)^{-1}$ に注目すると，逆行列は次式で計算される．

$$J(\theta)^{-1} = \frac{1}{|J(\theta)|} \begin{pmatrix} L_2\cos(\theta_1+\theta_2) & -(-L_2\sin(\theta_1+\theta_2)) \\ -(L_1\cos\theta_1 + L_2\cos(\theta_1+\theta_2)) & -L_1\sin\theta_1 - L_2\sin(\theta_1+\theta_2) \end{pmatrix}$$

したがって，特異姿勢となり $|J(\theta)|=0$ の状態では $1/|J(\theta)|$ の値が無限大（もしくはマイナス無限大）に発散する．一方，右辺の行列の中身は $\sin$ と $\cos$ で構成させるために，有限の値をもつ．したがって，$J(\theta)^{-1}$ の中の成分は無限大（もしくはマイナス無限大）となってしまう．このとき，式 (9.8) に手先速度 $\dot{x}$ を代入すると，関節角速度 $\dot{\theta}$ が無限大（もしくはマイナス無限大）となってしまう可能性があるのだ [8]．

一般的に，ロボットを運動させる場合には，この特異姿勢を避けることが望ましい．特に，9.3 節で紹介した分解速度法を用いる場合には注意が必要である．

---

[8] 上式右辺の行列の中身や $\dot{x}$ に 0 の成分を含むときは $\infty \times 0$ となり，不定形（値が定まらないこと）となる．$\infty - \infty$ の場合も同様である．

このように，手先速度と関節角速度の関係および特異姿勢を理解できれば，ホイールダック2号は特異姿勢から生じるトラブルを避けながら，これまで以上に複雑な制御も実現できるようになるのだ．

まとめ

- 順運動学を時間で微分することで，手先速度と関節角速度の関係を得られる．
- 分解速度法では手先速度と関節角速度の関係から軌道制御を行う．
- 特異姿勢とはヤコビ行列が逆行列をもたない状態である．

① 本章で説明した2リンク2関節マニピュレータにおいて，実際に順運動学を時間微分して，手先速度と関節角速度の関係を求めよ．

② 本章で説明した2リンク2関節マニピュレータにおいて，リンクの長さが $L_1 = 1.2$ [m], $L_2 = 1.5$ [m] で，関節角度が $\theta_1 = \pi/6$ [rad], $\theta_2 = \pi/4$ [rad] であった．このときのヤコビ行列を求めよ．

③ 上記の章末問題 ② において，ヤコビ行列の逆行列を求めよ．

④ 分解速度法において，高精度の軌道制御ができない理由を考察せよ．

⑤ 2リンク2関節マニピュレータの特異姿勢と実際の人間の腕や脚を比較して，類似点や相違点を考察せよ．

⑥ 2リンク2関節マニピュレータの特異姿勢を導出する式 (9.10) において，省略された計算を行い，実際に $|\boldsymbol{J}(\boldsymbol{\theta})| = L_1 L_2 \sin\theta_2$ となることを確かめよ．

力制御と作業座標系PD制御

第10章

STORY

今日は日曜日．とてもいい天気．ホノカは初めてホイールダック2号を連れて，おじいちゃんの家に行こうと思った．マンションの部屋を出てエレベータに向かうホノカとホイールダック2号．そこでホノカはホイールダック2号に新しい仕事を任せてみようと思った．「そうだ！ ダックくん，エレベータのボタン押しておいてくれる？」 いたずらっぽくウィンクするホノカに言われて，エレベータのボタンを押そうと手先を動かしたホイールダック2号．その瞬間．「バキバキバキババキバキバキッッ！！！」 エレベータのボタンは割れて潰れてしまった．そう，ホイールダック2号は力加減の仕方「力制御」を知らなかったのだ．

図 10.1　力制御を知らずボタンを潰すホイールダック2号

10.1 ロボットの力制御

10.1.1 フィードフォワードによる力制御

前章では，順運動学を時間微分することで，ヤコビ行列を介した手先速度と関節角速度の関係が得られることを説明した．本章では，この議論を発展させてマニピュレータの手先に発生させる力と関節トルクの関係が得られることを解説しよう．

今，図 10.2 のようにホイールダック 2 号が壁に向かって力を発生させている状態を考える．想定するマニピュレータはこれまで通り，2 リンク 2 関節の構造を有するものとする．ただし，話を簡単にするために重力の影響は無視でき，手先と壁の間の摩擦も無視できるものとする．ホイールダック 2 号の本体は地面に固定されており，マニピュレータの手先は壁に接触し，図のように壁面と直交方向に力を発生させながら，静止しているものとする[1]．ここで，関節トルクを $\boldsymbol{\tau} = (\tau_1, \tau_2)^\top$ とベクトル表記する．この関節トルクを各関節に入力したときに，結果的に生じる手先の発生力を $\boldsymbol{f} = (f_x, f_y)^\top$ とする．このとき，関節トルク $\boldsymbol{\tau}$ と手先の発生力 $\boldsymbol{f}$ の関係はヤコビ行列 $\boldsymbol{J}(\boldsymbol{\theta})$ を転置した $\boldsymbol{J}(\boldsymbol{\theta})^\top$ を用いて，次式で表される．

$$\boldsymbol{\tau} = \boldsymbol{J}(\boldsymbol{\theta})^\top \boldsymbol{f} \tag{10.1}$$

ただし，

$$\boldsymbol{J}(\boldsymbol{\theta})^\top = \begin{pmatrix} -L_1 \sin\theta_1 - L_2 \sin(\theta_1 + \theta_2) & L_1 \cos\theta_1 + L_2 \cos(\theta_1 + \theta_2) \\ -L_2 \sin(\theta_1 + \theta_2) & L_2 \cos(\theta_1 + \theta_2) \end{pmatrix}$$

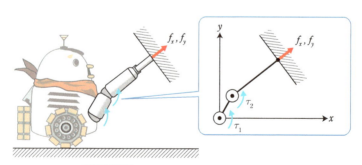

図 10.2　壁に向かって力を発生させる

---

[1] 仮定より，壁面と手先の間の摩擦が無視できるため．手先の発生力が壁面と直交していない場合には，面に平行な力が生じ，手先位置が移動してしまう．

である.

いきなり「式 (10.1) が成立する」といわれても腑に落ちない読者も多いことと思う. この式は，式 (9.6) と**仮想仕事の原理**という概念を用いることで導出できる. 導出方法の詳細は章末のコラムに記す.

式 (10.1) が意味することは，「ある関節角度が与えられたとき，手先の発生力 f を入力することで，そのときに必要な関節トルク τ を計算できる」ということである. この考えを利用することで，手先の発生力の**力制御**が可能となる. 例えば図 10.2 において，目標の手先の発生力 $f_d = (f_{dx}, f_{dy})^\top$ で壁を押したいとする [2]. このときに，その手先の発生力を実現させるために必要な目標の関節トルク $\tau_d = (\tau_{d1}, \tau_{d2})^\top$ は次式で求めることができる.

$$\tau_d = J(\theta)^\top f_d \tag{10.2}$$

式 (10.2) より得られた関節トルク τ_d を発生させることで，結果として目標の手先の発生力 f_d を発生させること，つまり力制御が可能となる.

6 章で紹介した直流モータをアクチュエータとして利用する場合には，直流モータの発生トルクと入力電流が比例関係にある. そこで，目標の関節トルク τ_d を発生させるための入力電流を逆算し，アクチュエータに入力すれば目標の関節トルク τ_d を発生させ，式 (10.2) を介して結果的に手先の発生力 f_d を実現できる. この方法をとる場合，実際に生じている手先の発生力をフィードバックしておらず，フィードフォワード型の力制御と分類される.

10.1.2 フィードバック型の力制御

式 (10.2) で紹介した手先の力制御法では，目標の関節トルク τ_d を精度よく発生可能な場合を前提としていた. 特に，アクチュエータに直流モータを使用する場合には，直流モータに入力する電流と発生トルクが比例するので，容易に力制御が可能であることを説明した. しかし，実際には摩擦の影響など，さまざまなモデル化誤差 [3] の影響で，高精度に目標の関節トルク τ_d を発生させられない場合が多い. このような場合には，式 (10.2) のフィードフォワード型の力制御では，手先の発生力にも誤差が生じる.

より高い精度の力制御を行いたい場合には，手先部分に力センサを設置し，実際の手先の発生力を計測し，それをフィードバックする方法がある. フィードバック型の力制御にはいくつか方法が存在するが，シンプルな例として以

---

[2] ただし，このとき，壁の方向と力の方向は直交しているとする.

[3] モデル化誤差とは，実際のシステムを数式で表記する際に無視した部分の誤差のこと. 例えば式 (6.2) では，直流モータの入力電流と発生トルクは比例しているとしたが，実際は温度の影響などにより，完全な比例関係ではない.

10.1 ロボットの力制御 **115**

下の制御式を紹介する.

$$\boldsymbol{\tau} = \boldsymbol{J}(\boldsymbol{\theta})^{\top}\big(\boldsymbol{f_d} + \boldsymbol{K_f}(\boldsymbol{f_d} - \boldsymbol{f})\big) \qquad (10.3)$$

ここで,力ベクトル $\boldsymbol{f}$ はセンサによって計測された実際の手先の発生力とする [4].また,$\boldsymbol{K_f}$ は力のフィードバックゲイン成分からなる行列である.しかし,一般に力センサはノイズが生じやすく,力フィードバックを用いた力制御では,ノイズの影響などから動作が不安的になる傾向にある.実際のマニピュレータに実装する場合には,暴走時の安全対策などを考慮することが望ましい.

なお,今回の力制御では手先の発生力 $\boldsymbol{f}$(もしくは $\boldsymbol{f_d}$)と壁面とは直交しており,力を加えても,手先の移動が生じないことを前提としている.しかし,マニピュレータに要求される動作の中には,手先位置の制御を行いながら,同時に力制御を行いたい場合がある.このような制御については次節にて簡単に触れる.

10.2　作業座標系 PD 制御法

次に力制御を拡張した位置制御法を紹介しよう.8 章で説明した関節座標系の位置制御は,目標の手先位置に対応した関節角度を求めて,各関節角度を PD 制御し,目標関節角度に制御する方法であった.これは,「各関節角度が目標関節角度を実現していれば,結果的に目標の手先位置に位置決めできている」という考えに基づいている.

しかし,一般的な産業用ロボットやヒューマノイドロボットのマニピュレータのように,リンクが直列に連鎖する構造の場合では,逆運動学の計算式を求めることは難しい.5 章で取り扱った 2 リンク 2 関節システムの場合は,逆運動学の計算が可能であったが,関節数が増えると逆運動学の計算は極めて複雑になっていく.そこで,計算が容易な順運動学から導き出された力関係の式 (10.1) を活用した位置制御法を紹介する.ただし,話を簡単にするために重力の影響は無視できるとする.

式 (10.1) は手先の発生力 $\boldsymbol{f}$ とそのときの関節トルク $\boldsymbol{\tau}$ との関係を示していることを思い出そう.そこで,力制御で想定した壁を取り払い,**図 10.3** のように,目標の手先位置 $\boldsymbol{x_d}$ から現在の手先位置 $\boldsymbol{x}$ まで仮想的にバネとダン

---

[4] 手先に設置された力センサの姿勢は,手先姿勢によって変化するので,計測した力を x 方向と y 方向の力に変換する必要がある.

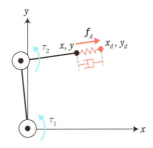

図 10.3 作業座標系 PD 制御法のイメージ

パを取り付けることを考える．関節座標系 PD 制御では，各関節ごとに仮想バネとダンパを設置したが，今回の場合は手先位置と目標の手先位置との間に仮想バネを設置することが大きなポイントである．この手先に接続された仮想バネ・ダンパが作用すれば，手先位置が目標位置に収束することが想像できるであろう．

今，この仮想バネ・ダンパによる手先の発生力を f とすれば，f は次式で与えられる．

$$f = K_p(x_d - x(t)) - K_v \dot{x} \tag{10.4}$$

ここで K_p と K_v はそれぞれ比例ゲイン行列と微分ゲイン行列であり，次式で定義されるものとする．

$$K_p = \begin{pmatrix} K_{px} & 0 \\ 0 & K_{py} \end{pmatrix}, \quad K_v = \begin{pmatrix} K_{vx} & 0 \\ 0 & K_{vy} \end{pmatrix}$$

上の行列の中身である K_{px}，K_{py}，K_{vx}，K_{vy} は比例ゲイン，速度ゲインにおける x 方向，y 方向の成分である．

次に式 (10.4) を式 (10.1) に代入すると，「手先に接続された仮想バネ・ダンパによって生じる力を実現する関節トルク」を次式で得ることができる．

$$\tau = J(\theta)^\top \left(K_p(x_d - x(t)) - K_v \dot{x} \right) \tag{10.5}$$

式 (10.5) から得られた関節トルクを各関節に与えることで，手先に接続された仮想バネ・ダンパの効果で目標の手先位置 x_d に収束する．この制御法を **作業座標系 PD 制御** もしくは **手先座標系 PD 制御** と呼ぶ．式 (10.5) において手先位置 $x(t)$ や速度 $\dot{x}$ は関節角度センサから順運動学を介し計測できる．あるいは手先座標をカメラなどから計測することも考えられる．

関節座標系 PD 制御法と作業座標系 PD 制御法の違いは「関節角度に対し回転系の仮想バネ・ダンパを与える」か，「手先に直接的に x–y 座標で仮想バネ・ダンパを与え，関節トルクに変換する」かという点である．作業座標系 PD 制御では逆運動学を必要とせず，代わりに容易に求まる順運動学から得られたヤコビ行列を用いる点がポイントとなる．

　ところで，ロボットのリンク長に誤差が生じている場合やリンクそのものが変形している場合では，関節座標系 PD 制御を用いて目標の関節角度 $\boldsymbol{\theta}_d$ に制御できたとしても，必ずしも目標の手先位置に位置決めできるわけではない．このような場合でも，作業座標系 PD 制御では手先位置 $\boldsymbol{x}$ をカメラなどから直接計測すれば，目標位置に高精度に位置決め可能であることが知られている．

　また，関節座標系 PD 制御と作業座標系 PD 制御を用いて PTP 制御の動作軌跡を比較した場合，同じ目標位置を与えても，図 10.4 のように関節座標系 PD 制御では手先の軌道はまっすぐではなく，大きくカーブを描きながら進む場合が多い．この理由は，関節座標系 PD 制御は各関節に回転系の仮想バネを設置するため，手先運動は各関節の回転系の仮想バネの運動の結果生じるからである．一方，作業座標系 PD 制御では x 方向と y 方向のゲインを調整することで比較的まっすぐな軌跡を描くことができる．作業座標系 PD

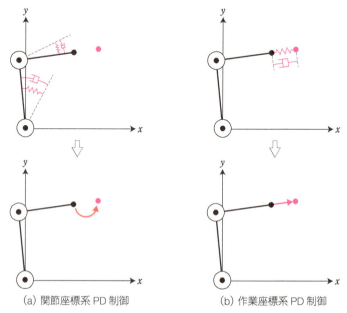

(a) 関節座標系 PD 制御　　　　　(b) 作業座標系 PD 制御

図 10.4　関節座標系 PD 制御と作業座標系 PD 制御の動作軌跡のイメージ

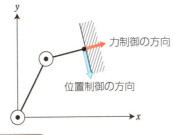

図 10.5　位置と力のハイブリッド制御

制御では手先座標系での目標位置までの仮想バネを設置するため，目標位置への直線的な運動を生じやすい[5]．

なお，ヤコビ行列を用いた制御法として，10.1 節では力制御を，10.2 節では作業座標系 PD 制御を別々に紹介したが，これら 2 つの制御を組み合わせ，同時に行うのが**位置と力のハイブリッド制御**である．ポイントとなるのは，**図 10.5** のように力制御の方向と位置制御の方向を直交させることである．2 つの方向を直交させることで，それぞれの制御が相互に影響を及ぼさないようにできる．詳細については他書に譲る[6]．

ホイールダック 2 号はマニピュレータの位置制御のみならず，力制御を用いることで手先の発生力の強さを調整できるようになり，ボタンなどの物体へ力をかけるような制御を行うことも可能になったのである．

> **まとめ**
> - 手先の発生力と関節トルクの関係は，ヤコビ行列の転置を介して関係付けられる．
> - ヤコビ行列の転置を利用した関係を用いることで，手先の発生力の力制御ができる．
> - 力制御を拡張し，手先位置に仮想バネ・ダンパを考えることで，作業座標系 PD 制御による位置制御ができる．

---

[5] それでも，x 方向と y 方向のバネ・ダンパのゲインのバランスに依存し，直線運動を完全に保証できるわけではない．
[6] 例えば，『ロボット制御基礎論』コロナ社など．

❶ 仮想仕事の原理について説明せよ．

❷ 2リンク2関節マニピュレータの手先速度と関節角速度の関係式から仮想仕事の原理を用いて，手先の発生力と関節トルクの関係を導け．

❸ 本章で説明した2リンク2関節マニピュレータにおいて，リンクの長さを $L_1 = 0.5$ [m]，$L_2 = 1.2$ [m] とした場合，関節角度が $\theta_1 = \pi/3$ [rad]，$\theta_2 = \pi/2$ [rad] であった．このときのヤコビ行列の転置を求めよ．

コラム　式(10.1)の導出

式 (10.1) の導出には，仮想仕事の原理を用いる．仮想仕事の原理とは「力が平衡状態となる必要十分条件は，あらゆる方向の仮想変位における仮想仕事の総和がゼロになる」という原理である．

図 10.2 において，関節トルク τ により，手先の発生力 $\bm{f}$ が生じているとする．このとき，手先の発生力 $\bm{f}$ の反力 $-\bm{f} = (-f_x, -f_y)^\top$ が壁から手先に作用し，マニピュレータが静止していたとする．これは「関節トルク τ から生じた手先の発生力 $\bm{f}$ と，壁からの反力 $-\bm{f}$ がつり合っている」状態であり，これを平衡状態という．

ここで，式 (9.6) の速度関係を思い出そう．手先速度と関節角速度の間には次式が成り立つ．

$$\frac{d\bm{x}}{dt} = \bm{J}(\bm{\theta})\frac{d\bm{\theta}}{dt}$$

今，壁から受ける反力 $-\bm{f}$ に対する仮想の運動を考え，手先位置と関節角度に微小の仮想変位が生じたとし，それぞれの仮想変位ベクトルを $\delta\bm{x} = (\delta x, \delta y)^\top$ と $\delta\bm{\theta} = (\delta\theta_1, \delta\theta_2)^\top$ とする．すると上式より

$$\delta\bm{x} = \bm{J}(\bm{\theta})\delta\bm{\theta} \qquad (10.6)$$

となる．ここで仮想仕事の原理より，平衡状態にある仮想変位によって生じる仮想仕事はゼロになる．仕事は変位と力（またはトルク）の

積で表されるから，次式が成立する．

$$-\delta x f_x - \delta y f_y + \delta\theta_1\tau_1 + \delta\theta_2\tau_2 = -\boldsymbol{\delta x}^\top \boldsymbol{f} + \boldsymbol{\delta\theta}^\top \boldsymbol{\tau} = 0$$

(10.7)

次に式 (10.6) を式 (10.7) に代入すると

$$-\boldsymbol{\delta\theta}^\top \boldsymbol{J}(\boldsymbol{\theta})^\top \boldsymbol{f} + \boldsymbol{\delta\theta}^\top \boldsymbol{\tau} = -\boldsymbol{\delta\theta}^\top (\boldsymbol{J}(\boldsymbol{\theta})^\top \boldsymbol{f} - \boldsymbol{\tau}) = 0 \qquad (10.8)$$

を得る．仮想仕事の原理より式 (10.8) が常に成立することから，常に $\boldsymbol{J}(\boldsymbol{\theta})^\top \boldsymbol{f} - \boldsymbol{\tau} = 0$ が成立し，結果的に式 (10.1) が成立する [7]．

---

[7] これらの計算において，行列の転置の式 (9.3) を利用している．

10.2 作業座標系 PD 制御法

第11章 人工ポテンシャル法と移動ロボットへの応用

STORY

　ホイールダック2号のことが大好きなホノカ．でも，ホイールダック2号が来てから少し困っていることがあった．ホイールダック2号がすぐ壁や机，ソファにぶつかるため，壁が凹み，机の脚が曲がり，ソファの位置がずれるのだ．ホイールダック2号は目的の場所にまっすぐ向かうことはできるのだが，その間にある障害物をスルリスルリと避けるようなことができなかった．おじいちゃんの家へ向かう途上，今も電柱や道路のゴミ箱にぶつかっている．ホノカ「ダックくんも痛そうだし，もうちょっと上手に避けられたらいいのになぁ」そんなホノカとホイールダック2号の願いを叶える手法．それが人工ポテンシャル法だった．

図 11.1　道路で電柱やゴミ箱にぶつかるホイールダック2号

11.1 人工ポテンシャル法

11.1.1 はじめに

これまでのマニピュレータの位置制御の解説では，暗黙の了解で軌道上に「障害物が存在しない」状態を考えてきた．しかし，実際には机や人間など，運動中の環境に障害物が存在する場合がある．その際，障害物を回避して手先の位置制御を行う必要がある．本章では，システムに与えられるポテンシャルに注目したマニピュレータの位置制御法について説明し，それを拡張した障害物回避法を述べる．また，これに基づき，移動ロボットの位置制御方法についても解説する．

11.1.2 ポテンシャルによる PD 制御の解説

マニピュレータの関節座標系 PD 制御と作業座標系 PD 制御では，いずれの場合でも，仮想バネが運動を生じさせる関節トルクの原因となっている．これらの制御では，マニピュレータにバネの特性をもつポテンシャル場[1]を人工的に入力していると解釈することができる．

もう少しわかりやすく説明するために，図 11.2(a) の 1 リンク 1 関節のシンプルなマニピュレータを考えよう．今，目標関節角度 θ_d に対し，関節トルク τ として以下の関節座標系 PD 制御を考える．ただし，重力の影響は考えないものとする．

$$\tau = K_p(\theta_d - \theta) - K_v \dot{\theta} \tag{11.1}$$

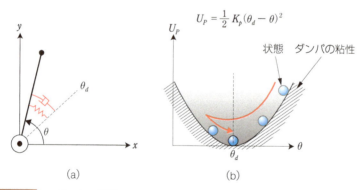

図 11.2　1 リンク 1 関節システムの関節座標系 PD 制御におけるポテンシャル場

---

[1] ポテンシャル場とは，ポテンシャルエネルギーの影響を受けている空間のこと．今回の場合では，入力される仮想バネの関節トルクがバネのポテンシャルエネルギーをもつ空間をつくる．

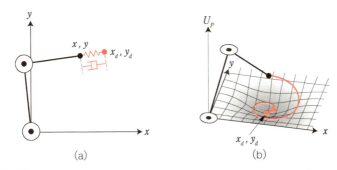

(a)　　　　　　　　(b)

図 11.3　2 リンク 2 関節システムの作業座標系 PD 制御におけるポテンシャル場

このとき，運動を生じさせる仮想バネに注目し，この仮想バネによって生じるポテンシャルエネルギーを U_P とすれば，次式で与えられる [2]．

$$U_P = \frac{1}{2}K_p(\theta_d - \theta)^2 \tag{11.2}$$

これは表 3.1 のバネエネルギーの計算からもわかる．この U_P と関節角度 θ の関係を図 11.2(b) のグラフに示す．この図では縦軸がポテンシャルエネルギー U_P，横軸が関節角度 θ である．式 (11.1) の制御入力を対象システムに与えると，バネの振動をしながら目標関節角度 θ_d に収束する．

これはイメージ的には，図 11.2(b) において運動状態を示す θ と $\dot{\theta}$ がすり鉢状のポテンシャル場上を振動をしながら，最終的にポテンシャルが最小となる $\theta = \theta_d$ に落ち込んでいくことと同じである．まるで，お茶碗にビー玉を転がして，ビー玉が最も重力ポテンシャル場の小さい位置（一番底の部分）に収束するのに似ている．図 11.2(b) のグラフでは，ダンパの粘性摩擦のイメージを斜線で示しており，この部分に速度に応じたブレーキが作用する．粘性摩擦が大きければ，スピードが低下し，目標関節角度付近ではあまり振動（オーバーシュート）しないが，摩擦が小さい場合にはスピードがあまり落ちず，目標関節角度付近で振動（オーバーシュート）が生じる．以上が，PD 制御をポテンシャルの立場から解説したものである．

この考えを 2 リンク 2 関節マニピュレータの作業座標系 PD 制御の場合に拡張してみよう．式 (10.5) の作業座標系 PD 制御では**図 11.3**(a)(b) のように手先位置に関して仮想バネのポテンシャルが入力されていると考えることができる．

---

[2] 角度 θ に依存するトルク $\tau(\theta)$ があり，トルク $\tau(\theta)$ を受けて回転運動した際のポテンシャルエネルギー U は $U = \int \tau(\theta)d\theta$ で与えられる．したがって，$dU/d\theta = \tau$ となる．
　今回の場合では，例えば $e = \theta_d - \theta$ とおけば，仮想バネのトルクは $K_p e$ となる．したがって，$U_P = \int K_p e de = \frac{1}{2}K_p e^2$ となる．ただし，$e = 0$ のとき $U_P = 0$ としている．

11.1.3 人工ポテンシャル法

　以上のように，マニピュレータの PD 制御では，それぞれの座標系に対して人工的にバネのポテンシャルを入力していたことがわかる．これを理解すれば，仮想的なバネとしてフックの法則に従う「誤差に比例した力を発生させるバネ」を必ずしも用いなくとも，位置制御可能であることがわかるだろう．例えば，図 11.2(a) の 1 リンク 1 関節システムに対し，式 (11.3) に示すような誤差 $(\theta_d - \theta)$ の 3 乗に比例するトルクを与えた場合を考えよう．

$$\tau = K_p(\theta_d - \theta)^3 - K_v\dot{\theta} \tag{11.3}$$

式 (11.3) の第 1 項によるポテンシャルエネルギー U_P は

$$U_P = \frac{1}{4}K_p(\theta_d - \theta)^4$$

となり [3]，**図 11.4**(a) のようなポテンシャル場をシステムに入力したことになる．目標関節角度でポテンシャルが最小となるため，目標関節角度に位置決め可能であることが理解できるだろう [4]．

　一方，次式のように誤差 $(\theta_d - \theta)$ の 2 乗に比例するトルクを与えた場合を考えよう．

$$\tau = K_p(\theta_d - \theta)^2 - K_v\dot{\theta} \tag{11.4}$$

式 (11.4) の第 1 項によるポテンシャルエネルギー U_P は

$$U_P = \frac{1}{3}K_p(\theta_d - \theta)^3$$

となる．これは図 11.4(b) のようなポテンシャル形状となり，目標関節角度では最小とならない．その結果，関節角度はポテンシャルの小さい方向に運動し，目標値からどんどん離れてしまう．

　このように，人工的に特定のポテンシャル場を関節トルクに与える方法を**人工ポテンシャル法**と呼ぶ．人工ポテンシャルによる位置制御では，この人工ポテンシャルをどのように生成するかが 1 つのポイントとなるのである．

---

[3] 式 (11.2) の場合と同様に，$e = \theta_d - \theta$ とし，仮想バネに相当する項を $K(e)$ とおけば，これによって生じるポテンシャルエネルギー U_P は $U_P = \int K(e)de$ で与えられる．ただし，$e = 0$ のとき $U_P = 0$ としている．

[4] 図 11.4(a)(b) では横軸を $e = \theta_d - \theta$ としている．

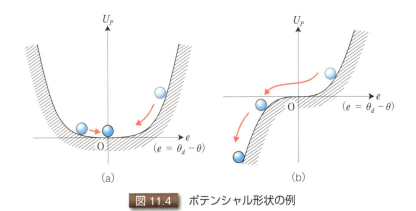

図 11.4 ポテンシャル形状の例

11.2 作業座標系制御における障害物回避

11.2.1 マニピュレータの障害物回避

人工ポテンシャル法の考え方を拡張して，作業座標系における障害物の回避運動を行わせることが可能となる．**図 11.5**(a) のように2リンク2関節システムを考えよう．話を簡単にするために，ここで重力の影響は考えない．手先位置 x がカメラなどから直接，または関節角度と順運動学を介して間接的に計測できるとし，10章で説明した作業座標系 PD 制御を行い，目標位置に位置制御したいとする．10章の議論と大きく違うのは図 11.5 のように環境中に障害物が存在するため，手先位置が障害物を回避して，目標位置への位置決めを実現したい点である．ただし，今回の例では，簡単のため手先と障害物の衝突のみを考慮し，リンク部と障害物の衝突は考慮しない．また，

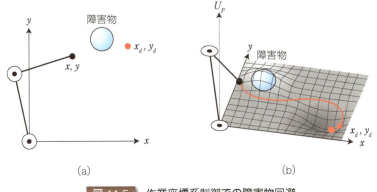

図 11.5 作業座標系制御での障害物回避

11.2 作業座標系制御における障害物回避 **127**

障害物の形状は既知であるものとし，障害物の位置もカメラなどのセンサからわかっているものとする．

このとき，x–y 座標において，手先に入力すべき人工ポテンシャルの形状を考えてみよう．障害物を回避しながら目標位置に収束させるには，図 11.2(b) や 11.3(b) に示す PD 制御の単純な形状ではなく，図 11.5(b) に示すように「目標位置でポテンシャルが最小で，かつ障害物付近にて大きくなる」ようなポテンシャル場を x–y 座標系で人工的に準備し，これに基づき手先の発生力を計算する．このポテンシャルはあくまでも手先の発生力に関するものであるため，式 (10.1) のヤコビ行列の転置 $\boldsymbol{J}^{\top}(\boldsymbol{\theta})$ を介して，関節トルク $\boldsymbol{\tau}$ に変換して関節トルク入力として与えればよい．

この結果，手先は初期位置からポテンシャルの高い場所を回避し，より小さい方向へ移動する．つまり，ポテンシャルの高い障害物を回避して，ポテンシャルの低い目標位置へ到達することができる [5]．さらに，この概念を拡張することで，障害物が移動するような場合や障害物が複数存在する場合にも適応できる [6]．

11.2.2 移動ロボットの位置制御への応用

これまで人工ポテンシャルの概念からマニピュレータの制御を考えてきたが，この人工ポテンシャルの概念は**移動ロボットの位置制御**にも応用することができる．人工ポテンシャル法を移動ロボットに適用する場合には，作業座標系 PD 制御で行った手先位置におけるポテンシャルを，移動ロボットの位置におけるポテンシャルとして置き換えて考えればよい．

今，**図 11.6**(a) のように，x–y 平面上の座標 $\boldsymbol{x} = (x,\ y)^{\top}$ にホイールダック 2 号が存在したとしよう．ホイールダック 2 号の位置 $\boldsymbol{x}$ は搭載されたカメラや GPS[7] などからリアルタイムに計測できるとしよう．説明を簡単にするために，ホイールダック 2 号の旋回は考えず，平面内の 2 自由度の並進運動のみを考える．ホイールダック 2 号は下部に搭載されたオムニホイールを回転させることで，x–y 平面上のホイールダック 2 号自身に任意の力 $\boldsymbol{f} = (f_x,\ f_y)^{\top}$ を発生させることができるとする．

次に，リアルタイムに計測されているホイールダック 2 号の位置 $\boldsymbol{x}$ に対し，以下のように x–y 平面上の目標位置 $\boldsymbol{x_d}$ で自然長となるような仮想的バネと

---

[5] このとき，ポテンシャル形状やゲインを上手に設定しないと，運動中に勢い余って障害物と衝突する可能性もある．
[6] ただし，実際にはリンクと障害物の衝突も考慮する必要はある．
[7] GPS とはグローバル・ポジショニング・システムのこと．複数の人工衛星からのデータを利用した 3 次元位置計測システムである．

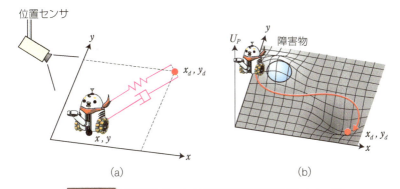

図 11.6 移動ロボットの作業座標系制御法のイメージ

ダンパを想定する．

$$f = K_p(x_d - x(t)) - K_v \dot{x} \tag{11.5}$$

この力 f を発生させるようにオムニホイールを制御し駆動させることで，ホイールダック 2 号の位置制御が可能となる．この方法ではバネのポテンシャルが目標位置で最小となるために，ホイールダック 2 号は目標位置へ移動していく．

この移動ロボットの制御方法には，11.2.1 節で紹介した障害物回避法も利用できる．マニピュレータの場合と同様に，図 11.6(b) のように障害物の位置情報がわかっている場合，障害物周辺にポテンシャルを増すようなポテンシャル場を意図的に形成しておく．すると，ホイールダック 2 号はポテンシャルが増加した領域を避けるように，目標位置へ移動することができるのである．

今回は簡単のため，単純な比例バネを仮想的に与えてホイールダック 2 号の並進力を発生させていたが，目標位置 x_d と現在位置 x が大きく離れている場合には，発生力が非常に大きくなってしまう場合がある．このような場合には，**図 11.7** のような飽和関数を用いるなどの工夫も有効となる[8]．この飽和関数 $K(p)$ は変数 p が特定の値を超えると，一定値となる．そこで，式 (11.5) の代わりに力 f として

$$f = \begin{pmatrix} K(e_x) \\ K(e_y) \end{pmatrix} - K_v \dot{x} \tag{11.6}$$

を与える．ここで，$e_x = x_d - x, e_y = y_d - y$ である．このように力 f を与えることで，力 f が極端に大きくなるのを回避できる．

---

[8] 具体的な飽和関数の式については，『新版 ロボットの力学と制御』朝倉書店などを参照のこと．飽和関数を用いることはマニピュレータの位置制御でも有効な手段である．

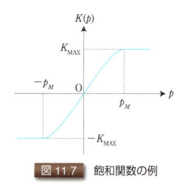

図 11.7　飽和関数の例

　ここで紹介した移動ロボットの移動方法はあくまでも 1 つの方法であり，すべての移動ロボットがこの方法で動いているわけではないが，有効で基本的な制御手段の 1 つであるといえる．この方法は地上だけでなく水上や，さらには自由度を拡張すれば空中におけるドローンや，水中における潜水ロボットの制御などにも応用が可能である．

　人工ポテンシャル法の概念を使えば，マニピュレータ（ロボットアーム）の障害物回避だけでなく，ホイールダック 2 号の移動における障害物回避までもが可能となるのである．

まとめ

- PD 制御は対象システムに仮想的なバネのポテンシャル場を与えている．
- 対象システムに与えるポテンシャル場は，必ずしも比例バネのものでなくてもよい．
- 人工ポテンシャル法を応用することで，マニピュレータの障害物回避が可能となる．
- 人工ポテンシャル法を移動ロボットの位置制御にも利用できる．この方法は障害物回避にも拡張できる．

① 重力の影響を受けない 1 リンク 1 関節マニピュレータにおいて，関節角度を θ，目標関節角度を θ_d として与えた場合，関節座標系位置制御として関節トルク τ を以下で与えた．ただし，K をフィードバックゲインとする．

$$\tau = K_p(\theta_d - \theta)^4 \tag{11.7}$$

このとき，式 (11.7) では目標関節角度に制御できないことを，入力されたポテンシャルの観点から説明せよ．

② 2 リンク 2 関節マニピュレータの位置制御のために入力する関節トルクについて，人工ポテンシャル法の観点から本章で紹介したもの以外の制御入力を提案し，運動の収束性について考察せよ．ただし重力の影響は受けないものとする．

③ 移動ロボットの人工ポテンシャルを用いた位置制御法について，障害物と目標位置が存在する場合にどのような入力を与えたらよいか，移動ロボットに与えるべき制御入力を提案せよ．

コラム　移動ロボットの自己位置推定

今回の移動ロボットの制御方法では，本体の位置が外部カメラや GPS などで正確に測定できることを前提とした．しかし，実際に外部カメラなどでロボットの位置を計測するには，移動空間に複数のカメラを設置する必要があるし，周囲の環境が複雑な場合や複数の移動物体（人間やロボットなど）が同時に存在する場合には，カメラ画像の中のデータから，対象の移動ロボットのみの位置を抽出するのが難しい．一方，GPS では複数の人工衛星からのデータをもとに，自己位置の 3 次元情報を得ることができる．しかし，電波状況の悪い高層ビルの間や建物の屋内，地下・トンネル内部などでは位置情報を正確に得ることが困難となる．特に，ホイールダック 2 号＠ホームのような家庭用ロボットでは，主に屋内での使用を想定しており，上記の理由より外部カメラも GPS も高精度に利用できない場合が想定される．

そこで，このようなセンサ情報が不正確な状況下でも，ロボットの

状態（例えば位置情報など）を正確に推定する技術が必要となる．このような技術を自己位置推定という．

　移動ロボットにおける自己位置推定の代表例は，上述したように位置情報の推定である．例えば，はじめから移動空間の正確な地図情報がデータとして得られている場合には，移動ロボット本体に複数の距離センサを設置しておき，ロボット本体と壁などの周囲の障害物までの距離データをリアルタイムに計測しておく．その距離データを与えられた地図情報と比較し，ベイズ推定などを利用して自己位置を推定する．

　しかし，実際には正確な地図情報が事前に得られていない場合も多い．そのような場合には，ロボット自身が移動中に距離センサの情報から周囲の地図を生成しながら移動し，さらにその地図上の自分の位置を推定する方法がある．これは SLAM（Simultaneous Localization and Mapping ：自己位置推定と地図作成の同時実行）と呼ばれる技術で，一部の商用の掃除ロボットにも実装されている．

　これらの技術の詳細については本書では省略するが，興味のある読者はブックガイドに紹介する『イラストで学ぶ人工知能概論 』や『確率ロボティクス』などを参考にしていただきたい．

解析力学の基礎

第12章

STORY

　おじいちゃんの家についたホノカとホイールダック2号．笑顔で迎えてくれるおじいちゃん．ホノカは言う「ダックくんはとってもお利口なんだよー．ペットボトルをもってきてくれたり，エレベータのボタンを押してくれたり，いろんなことをしてくれるんだから」おじいちゃん「ほうほう，それはすごいのう．じゃったら，ぜひワシとも遊んでほしいもんじゃ．よろしくの」　右手を差し出すおじいちゃん．おじいちゃんは優しそうだ．でも，ホノカにしてしまったみたいに力を入れ過ぎておじいちゃんの手や体にぶつかってしまったら大変なことになってしまいそうだ．それぞれの関節にどれだけの力を加えたら，手先にどれだけの力が出てどう動くのか？ホイールダック2号は，そういうレベルで自分の体を理解しないといけないことに気づいた．そんなホイールダック2号がまず入門すべき世界．それは解析力学の世界だった．

図 12.1　解析力学の必要性に気づくホイールダック2号

12.1 静力学と動力学

12.1.1 バネ問題

これまでの解説により，ロボットの制御には力学が特に重要であることがわかった．本章ではこの力学について，もう少し掘り下げて考えてみたい．ここで，以下の簡単な力学の問題を考えてほしい．

> **問題（バネとおもりの運動）**
>
> 図 12.2(a) のように，自然長の状態から，バネ定数 k のバネに質量 m のおもり A をつるしたとする．このとき，バネの伸び x はどんな挙動を示すだろうか．ただし，重力加速度は g とする．

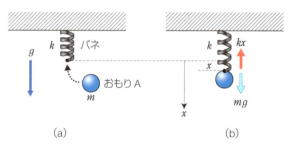

図 12.2 バネにおもりをつるしたときの運動

重力によってバネに加えられる力は $f = mg$ であり，バネ力は $f = kx$ であるから，この2つがつり合って $kx = mg$ より，バネの伸び x は

$$x = \frac{mg}{k} \tag{12.1}$$

と計算できると考える読者が多いかもしれない（図 12.2(b)）．しかし，厳密にいえば，この解答は正しくない．実はバネにおもりをつるすと，おもりは図 **12.3** のように単振動する[1]．単振動とは，おもりが加速と減速を周期的に繰り返し振動する現象である．今回の場合では，おもり A の加速による力

---

[1] 空気の抵抗やバネの自己減衰が無視できる場合．

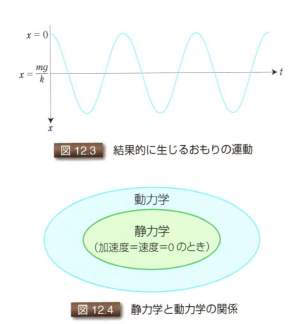

図 12.3　結果的に生じるおもりの運動

図 12.4　静力学と動力学の関係

$m\ddot{x}$ とバネ力 kx が重力 mg とつり合っており，力のつり合い式は次式で示される．

$$m\ddot{x} + kx = mg \tag{12.2}$$

ここで，特に注目すべき点として，式 (12.2) は x を時間 t で微分した方程式，つまり**微分方程式**であり，x の運動は「この微分方程式によって支配される」ということである．

したがって，実際に x が「時間 t に対しどのような関数になるのか」を知るには，式 (12.2) の微分方程式を解かなくてはならない[2]．式 (12.1) と式 (12.2) の運動の違いは何であろうか．実は式 (12.1) は，おもり A の加速度がゼロのとき（$\ddot{x} = 0$）の限定的な解となる．実際に $\ddot{x} = 0$ を式 (12.2) に代入すれば，式 (12.1) を得ることができる．つまり，おもり A をバネにゆっくりつるし，最初から振動運動を起こさなかった状態の特殊な場合の解が式 (12.1) なのである．

このように，同じ力学の問題でも見方によって解が異なる．**図 12.4** のように，物体が運動しており，速度や加速度の影響を考慮した力学のことを**動

---

[2] 「微分方程式を解く」とは，例えば式 (12.2) において，式を時間 t で積分し，おもり A の運動 x を時間 t の関数 $x(t)$ に変換することである．微分方程式を解くにはラプラス変換などを使う方法がある．ラプラス変換は大学の理工系学科における応用数学や制御工学などの科目で習う．ただし，ラプラス変換による微分方程式の解法は主に線形微分方程式に限られる．

力学といい，一方，運動が静止して速度と加速度がゼロとなった状態を想定した力学を**静力学**という．

12.1.2 運動方程式とは

ロボット制御では，「ある制御式をロボットに与えた際に，どのような動きをするのか」や「ロボットに目標の運動をさせる際に，どのような制御が必要か」を知ることが必要な場合がある．このような場合の解析には，静力学を用いた解析では不十分であり，速度・加速度を考慮した動力学に基づく解析を行う必要がある．

動力学を用いてロボットの運動を解析するために必要となるのが，ロボットの運動を動力学の立場から表現した方程式である．このような運動を記述する微分方程式のことを**運動方程式**と呼ぶ．通常，この方程式は速度・加速度の影響が含まれるので，式 (12.2) のように時間 t に関する微分方程式で表現される．

これまでの解説では，マニピュレータの運動方程式をまったく考慮に入れてこなかった．例えば，8.2.2 節で紹介した 2 リンク 2 関節システムの関節座標系 PD 制御法では，逆運動学を用いて目標関節角度を求め，それを目標値として関節角度のフィードバックを行った．しかし，逆運動学はあくまでも手先位置に対する図形的な関節角度を計算しているに過ぎず，厳密にいえば，この制御法を用いた場合の目標手先位置への収束性や途中の軌道は不明なままである．マニピュレータの運動方程式を求めることができれば，運動を動力学的に考えることが可能となり，運動方程式を解析することで，手先の収束性や途中の軌道がわかるようになる．また，その解析結果を利用して，より高精度な制御法を得ることができる．

12.1.3 1 リンク 1 関節マニピュレータの運動方程式

マニピュレータの運動方程式はどのように求めることができるのだろうか．まずは最も簡単な例として，1 リンク 1 関節マニピュレータの運動方程式について解説していこう．今，**図 12.5** に示すようなマニピュレータを考える．ここで，l_g は関節の回転中心からリンクの重心までの距離，I は関節周りの慣性モーメント[3]，m はリンクの質量とする．関節部にはアクチュエータが設置されており，関節トルク τ を発生させる．また，角度センサにより関節角度 θ をリアルタイムに計測可能であるとする．せっかくなので，重力の影

---

[3] 3.1.3 節で解説したように，慣性モーメントは回転を想定する軸が変わると値が変わる．今回の場合は，関節の回転軸周りの慣性モーメントとする．

136 [第 12 章] 解析力学の基礎

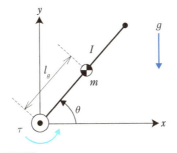

図 12.5 1リンク1関節マニピュレータ

響も考慮してみよう．

このマニピュレータの運動方程式は，式 (3.5) に示されるトルクの定義と，式 (8.6) に示される重力補償するトルクを考慮すれば，次式で表されることが理解できよう．

$$\tau = I\ddot{\theta} + mgl_g \cos\theta \tag{12.3}$$

このように，1リンク1関節システムの場合には，比較的簡単に運動方程式を求めることができる．しかし，このアプローチで複雑なマニピュレータの運動方程式を導くのは困難である．

12.2　ラグランジュ法による運動方程式の導出

12.2.1　ニュートン・オイラー法とラグランジュ法

次に，2リンク2関節システムの運動方程式の導出を行いたいのだが，実はマニピュレータの関節が1つ増えて2つになるだけで，運動方程式を導出する難易度が一気に上昇する．

マニピュレータのような多リンク構造体の運動方程式を求める代表的な手法には，**ニュートン・オイラー法とラグランジュ法**[4] がある．前者のニュートン・オイラー法は，各リンクに作用する力とトルクを計算していく方法であり，後者はエネルギーに基づき導出する方法である．この2つの方法にはそれぞれ一長一短あるが，本書では後者のラグランジュ法についてのみ解説する．ラグランジュ法はエネルギーに着目して運動方程式を立てるため，ロ

---

[4] ラグランジェと表記することもある．

ボットの運動方程式のみならず，複雑な機械システムや電気系と機械系が複合するシステムなどにも適用できる非常に有用な方法である．ただし，原理を「理解」するには，ラグランジュ法がその基礎とする**解析力学**を理解する必要があるが，本書では，解析力学の厳密な体系とその立場からのラグランジュ法の詳細な解説については他書[5]に譲り，どのように運動方程式を計算していくかというラグランジュ法の「使い方」の観点から説明する．

12.2.2 一般化座標・一般化速度・一般化力

ラグランジュ法の解説を行う前に，**一般化座標・一般化速度・一般化力**の説明を行う．今，運動方程式を求めたい対象システムが存在する．このシステムの運動の自由度を n とし，その自由度に対応した変位を $q_1, q_2, \ldots, q_n$ とする．この変位は回転だけでも，並進だけでもよいし，回転と並進が複合していてもよい．このような変位による座標系を一般化座標と呼ぶ．次に，この一般化座標 $q_1, q_2, \ldots, q_n$ を時間微分し，得られる $\dot{q}_1, \dot{q}_2, \ldots, \dot{q}_n$ を一般化速度と呼ぶ．このとき，i 番目の一般化座標 q_i に対応した力やトルクに相当する変数を Q_i とし，これを一般化力と呼ぶ．この一般化力は一般化座標が並進の場合には力となり，回転の場合にはトルクとなる．

例えば，質点が x–y 平面で x 方向と y 方向にそれぞれ力 f_x, f_y を受けて運動している場合，一般化座標が $q_1 = x$, $q_2 = y$ となり，一般化速度は $\dot{q}_1 = \dot{x}$, $\dot{q}_2 = \dot{y}$，一般化力は $Q_1 = f_x$, $Q_2 = f_y$ となる．また，図 8.4 のように 2 つの回転関節をもつマニピュレータの場合，一般化座標は $q_1 = \theta_1$, $q_2 = \theta_2$ となり，一般化速度は $\dot{q}_1 = \dot{\theta}_1$, $\dot{q}_2 = \dot{\theta}_2$，一般化力は $Q_1 = \tau_1$, $Q_2 = \tau_2$ となる．**図 12.6** のように 1 つの回転関節 θ と 1 つの直動関節 l をもつようなマニピュレータの場合，一般化座標は $q_1 = \theta, q_2 = l$ となり，一

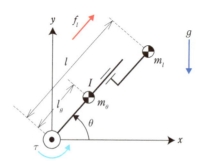

図 12.6　1 つの回転関節と 1 つの直動関節をもつマニピュレータ

---

[5] 例えば，『解析力学 (物理入門コース 2)』岩波書店など．

般化速度は $\dot{q}_1 = \dot{\theta}, \dot{q}_2 = \dot{l}$，一般化力は $Q_1 = \tau$，$Q_2 = f_l$ となる．

このように，一般化座標・一般化速度・一般化力の概念を用いることで，運動の種類（並進運動と回転運動）を分類せずに，解析を行うことが可能となる．

12.2.3　ラグランジュの運動方程式

いよいよ，ラグランジュ法の核心に入っていこう．ただし，対象とするシステムの摩擦は無視できるものとする．今，運動方程式を導出したい対象システムの運動エネルギーの総和を K とし，ポテンシャルエネルギーの総和を P とする．このとき，**ラグランジュ関数**（ラグランジアン）と呼ばれる関数 L を以下で定義する．

$$L = K - P \tag{12.4}$$

ここでラグランジュ関数 L を用いて，i 番目の一般化座標 q_i に対する一般化力 Q_i は次式で与えられる．

$$Q_i = \frac{d}{dt}\Big(\frac{\partial L}{\partial \dot{q}_i}\Big) - \frac{\partial L}{\partial q_i} \tag{12.5}$$

式 (12.5) を解くことで，対象システムの運動方程式を得ることができるのである．式 (12.5) の計算には偏微分（$\partial/\partial \dot{q}_i$ と $\partial/\partial q_i$）を行う必要がある．例えば L を $\dot{q}_i$ で偏微分する $\partial L/\partial \dot{q}_i$ の場合には，$\dot{q}_i$ 以外の変数を定数とみなし $\dot{q}_i$ のみで微分を行う．

次節ではラグランジュの運動方程式を理解するために，いくつかの簡単な機械システムを例として取り上げて，実際にラグランジュ法に基づき運動方程式を計算してみよう．

12.3　運動方程式の計算例

12.3.1　【計算例 1】斜面を滑る物体の運動

はじめに，並進運動のみの簡単なシステムとして，**図 12.7** に示すような斜面を滑る物体の運動方程式を導出してみよう．物体の質量は m とし，斜面の角度を α とする．重力は鉛直下向きに作用し，重力加速度を g とする．斜面と物体の間は十分に滑らかであり，摩擦を無視できるものとする．このとき，斜面に平行な座標として x が存在し，x の方向に力 f が物体に作用する．

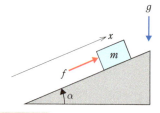

図 12.7 斜面を滑る物体の運動

　この程度の運動方程式の導出は，力のつり合いから求めるほうが楽ではあるが，ラグランジュの運動方程式の計算を体験する「入門編」としては丁度よい．このシステムは並進 1 自由度システムであり，一般化座標は $q_1 = x$，一般化速度は $\dot{q}_1 = \dot{x}$，一般化力は $Q_1 = f$ となる．

　はじめに，対象システムのラグランジュ関数 L を求めてみよう．物体の運動エネルギー K は $K = \dfrac{1}{2}m\dot{x}^2$ であり，ポテンシャルエネルギー P は重力のみを考慮すればよく，$P = mgx\sin\alpha$ となる．したがって，ラグランジュ関数 L は次式となる．

$$\begin{aligned}L &= K - P \\ &= \frac{1}{2}m\dot{x}^2 - mgx\sin\alpha\end{aligned}$$

上式より $\partial L/\partial \dot{q}_1$ と $\partial L/\partial q_1$ は次式となる．

$$\frac{\partial L}{\partial \dot{q}_1} = \frac{\partial L}{\partial \dot{x}} = m\dot{x} \tag{12.6}$$

$$\frac{\partial L}{\partial q_1} = \frac{\partial L}{\partial x} = -mg\sin\alpha \tag{12.7}$$

式 (12.6)〜(12.7) を式 (12.5) に代入することで，一般化力 $Q_1 = f$ を次式で得る．

$$\begin{aligned}f &= \frac{d}{dt}\Big(\frac{\partial L}{\partial \dot{q}_i}\Big) - \frac{\partial L}{\partial q_i} \\ &= \frac{d}{dt}(m\dot{x}) - (-mg\sin\alpha) \\ &= m\ddot{x} + mg\sin\alpha\end{aligned} \tag{12.8}$$

　式 (12.8) が図 12.7 の物体の運動を支配する運動方程式である．先述したように今回の例では，力のつり合い条件からも，容易に運動方程式を求めることが可能である．しかし，ラグランジュ法ではエネルギーに着目し，運動方

程式を導出している点がポイントとなる.

12.3.2 【計算例2】 1リンク1関節システム

次に回転運動のみのシステムとして,簡単なマニピュレータの運動方程式を
ラグランジュ法から求めてみよう. 図 12.5 の 1 リンク 1 関節マニピュレータ
に再度登場してもらおう. すでに動力学のつり合いより,このマニピュレー
タの運動方程式は式 (12.3) で求めているが,ラグランジュ法での導出と比べ
てみよう. なお,12.1.3 節と同様に l_g は関節の回転中心からリンクの重心ま
での距離,I は関節周りの慣性モーメント,m をリンクの質量,g を重力加速
度とする. 一般化座標は $q_1 = \theta$,一般化速度は $\dot{q}_1 = \dot{\theta}$,一般化力は $Q_1 = \tau$
となる.

はじめにラグランジュ関数 L を求めよう. 回転するリンクの運動エネル
ギー K は,3.1.4 節の表 3.1 より $K = I\dot{\theta}^2/2$ であり,ポテンシャルエネル
ギー P は重力のみを考慮すればよく,$P = mgl_g \sin\theta$ となる. したがって,
ラグランジュ関数 L は次式となる.

$$
\begin{aligned}
L &= K - P \\
&= \frac{1}{2}I\dot{\theta}^2 - mgl_g\sin\theta
\end{aligned}
$$

さらに,$\partial L/\partial \dot{q}_1$ と $\partial L/\partial q_1$ は次式となる.

$$
\frac{\partial L}{\partial \dot{q}_1} = \frac{\partial L}{\partial \dot{\theta}} = I\dot{\theta} \tag{12.9}
$$

$$
\frac{\partial L}{\partial q_1} = \frac{\partial L}{\partial \theta} = -mgl_g\cos\theta \tag{12.10}
$$

最後に,式 (12.9)〜(12.10) を式 (12.5) に代入することで,一般化力 $Q_1 = \tau$
を次式で得る.

$$
\begin{aligned}
\tau &= \frac{d}{dt}(I\dot{\theta}) - (-mgl_g\cos\theta) \\
&= I\ddot{\theta} + mgl_g\cos\theta
\end{aligned} \tag{12.11}
$$

導出した運動方程式は式 (12.3) と同じ式となることが理解できよう.

12.3.3 【計算例3】 並進と回転の複合したシステム

計算例 1 と計算例 2 では自由度が 1 しかなく,運動の種類も並進か回転か
どちらか一方であった. これらの例では必ずしもラグランジュ法を用いずと

も，力のつり合いで容易に運動方程式を計算できる．では，次に自由度を 2 に増やし，並進と回転の運動が混在する場合を考えてみよう．図 12.6 のように 1 つの回転関節 θ と 1 つの直動関節 l をもつマニピュレータと考えよう．この例ではリンクが回転することで直動関節に遠心力が働き，動作に影響を与えるため，これまでに紹介した計算例に比べ，計算が複雑となる．

今，一般化座標を $q_1 = \theta$, $q_2 = l$，一般化速度を $\dot{q}_1 = \dot{\theta}$, $\dot{q}_2 = \dot{l}$，一般化力を $Q_1 = \tau$, $Q_2 = f_l$ とする．リンク 1 の関節中心周りの慣性モーメントを I，リンク 1 の質量を m_θ，リンク 2 の質量を m_l とする．また，リンク 1 の関節の回転中心からリンクの重心までの距離を l_g とする．ただし，議論を簡単にするためにリンク 2 は質点とみなせ，姿勢変化に対する慣性モーメントは考えないものとする．

運動エネルギー K はリンク 1 とリンク 2 の運動エネルギーの総和である．リンク 1 の運動エネルギーを K_1 とすると，$K_1 = I\dot{\theta}^2/2$ となる．一方，リンク 2 の運動エネルギー K_2 は並進 l 方向の運動と，回転によって生じる半径 l の円の接線方向の運動に分解される．接線方向の速度を v とすると，$v = l\dot{\theta}$ となるから，K_2 は次式で求められる．

$$K_2 = \frac{1}{2}(m_l \dot{l}^2 + m_l l^2 \dot{\theta}^2) \tag{12.12}$$

したがって，全運動エネルギー K は

$$\begin{aligned} K &= K_1 + K_2 \\ &= \frac{1}{2}I\dot{\theta}^2 + \frac{1}{2}(m_l \dot{l}^2 + m_l l^2 \dot{\theta}^2) \end{aligned} \tag{12.13}$$

となる．一方，ポテンシャルエネルギー P は 2 つのリンクに働く重力の影響であるから，

$$P = m_\theta g l_g \sin\theta + m_l g l \sin\theta \tag{12.14}$$

となり，ラグランジュ関数 L は次式となる．

$$\begin{aligned} L &= K - P \\ &= \frac{1}{2}I\dot{\theta}^2 + \frac{1}{2}(m_l \dot{l}^2 + m_l l^2 \dot{\theta}^2) - m_\theta g l_g \sin\theta - m_l g l \sin\theta \end{aligned} \tag{12.15}$$

次に式 (12.15) を式 (12.5) に代入して，一般化力 $Q_1 = \tau$ を求めよう．$\partial L/\partial \dot{q}_1$ と $\partial L/\partial q_1$ を計算すると

$$\frac{\partial L}{\partial \dot{q}_1} = \frac{\partial L}{\partial \dot{\theta}} = I\dot{\theta} + m_l l^2 \dot{\theta} \tag{12.16}$$

$$\frac{\partial L}{\partial q_1} = \frac{\partial L}{\partial \theta} = -m_\theta g l_g \cos\theta - m_l g l \cos\theta \tag{12.17}$$

ここで，式 (12.16) の右辺第 2 項に注目すると，変位 l は時間 t に関する変数であるから，積の微分より

$$\frac{d}{dt}(m_l l^2 \dot\theta) = 2 m_l l \dot l \dot\theta + m_l l^2 \ddot\theta \tag{12.18}$$

となる．したがって，式 (12.5) と式 (12.16)～(12.18) より，一般化力 $Q_1 = \tau$ は次式で得られる．

$$\tau = I\ddot\theta + 2 m_l l \dot l \dot\theta + m_l l^2 \ddot\theta + m_\theta g l_g \cos\theta + m_l g l \cos\theta \tag{12.19}$$

次に，一般化力 $Q_2 = f_l$ を求めよう．$\partial L/\partial \dot q_2$ と $\partial L/\partial q_2$ を計算すると

$$\frac{\partial L}{\partial \dot q_2} = \frac{\partial L}{\partial \dot l} = m_l \dot l \tag{12.20}$$

$$\frac{\partial L}{\partial q_2} = \frac{\partial L}{\partial l} = m_l l \dot\theta^2 - m_l g \sin\theta \tag{12.21}$$

となる．したがって，式 (12.5) と式 (12.20)～(12.21) より，一般化力 $Q_2 = f_l$ は次式で得られる．

$$f_l = m_l \ddot l - m_l l \dot\theta^2 + m_l g \sin\theta \tag{12.22}$$

以上より，式 (12.19) と式 (12.22) をまとめることで，対象システムの運動方程式として，次式を得る．

$$\tau = I\ddot\theta + 2 m_l l \dot l \dot\theta + m_l l^2 \ddot\theta + m_\theta g l_g \cos\theta + m_l g l \cos\theta \tag{12.23}$$

$$f_l = m_l \ddot l - m_l l \dot\theta^2 + m_l g \sin\theta \tag{12.24}$$

このように，複数の物体が連結して運動する場合には，相互の動きが干渉するために，複雑な運動方程式となる．

また，式 (12.23)～(12.24) をベクトル・行列で表現すると，

$$\boldsymbol{\tau} = \boldsymbol{M}(\boldsymbol{q})\ddot{\boldsymbol{q}} + \boldsymbol{h}(\boldsymbol{q}, \dot{\boldsymbol{q}}) + \boldsymbol{g}(\boldsymbol{q})$$

と表現できる．ここで，$\boldsymbol{\tau} = (\tau,\, f_l)^\top$，$\boldsymbol{q} = (\theta,\, l)^\top$ であり，その他のベクトルと行列は次式のようにおいた．

12.3 運動方程式の計算例 **143**

$$M(q) = \begin{pmatrix} I + m_l l^2 & 0 \\ 0 & m_l \end{pmatrix}, \quad h(q, \dot{q}) = \begin{pmatrix} 2m_l l \dot{l} \dot{\theta} \\ -m_l l \dot{\theta}^2 \end{pmatrix},$$

$$g(q) = \begin{pmatrix} m_\theta g l_g \cos\theta + m_l g l \cos\theta \\ m_l g \sin\theta \end{pmatrix}$$

行列 $M(q)$ は質量・慣性モーメントからなる行列で**慣性行列**と呼び，$M(q)\ddot{q}$ を**慣性項**という．また，ベクトル $h(q, \dot{q})$ を**非線形項**と呼び，$g(q)$ を重力の影響を表す**重力項**と呼ぶ．このように，ラグランジュ法によって導出された運動方程式は，物理的な意味を考えるうえで理解しやすい表記となるのが特徴である．

ラグランジュ法を用いることで，さまざまな運動方程式を導出できるようになり，ホイールダック 2 号の動力学の理解に一歩近づいた．次章ではいよいよ，2 リンク 2 関節マニピュレータの運動方程式を導出する．

まとめ

- 静力学は物体が静止した状態での力学であり，動力学は速度や加速度を考慮した力学である．
- 物体の運動を記述する微分方程式を運動方程式と呼ぶ．
- ラグランジュ法を用いることで運動方程式の導出ができる．

---

❶ 動力学と静力学の違いを，図 12.2 に示すおもりとバネのシステムを例に数式を用いて説明せよ．

❷ ラグランジュ法を用いて，**図 12.8** のシステムの運動方程式を導出せよ．

❸ ラグランジュ法を用いて，**図 12.9** のシステムの運動方程式を導出せよ．ただし，リンク 2 の慣性モーメント I_2 はリンクの重心周りの値をとるものとする．このような場合のリンク 2 の運動エネルギーは $\frac{1}{2} I_2 \dot{\theta}^2$ のほかに，リンク 2 の重心の並進による運動エネルギーを考慮する必要があることに注意せよ．

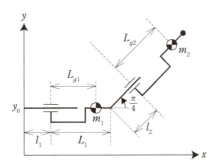

図 12.8 2つの直動関節をもつシステム

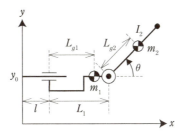

図 12.9 1つの直動関節と1つの回転関節をもつシステム

第13章 ロボットの動力学

STORY

　おじいちゃんの家でほっこりする三人．ホイールダック2号はこれまでのことを思い出していた．マニピュレータ（ロボットアーム）をもってからというもの，いろんなことができるようになったが，今ひとつ自分のマニピュレータを自らのものとして自由自在に動かせている気がしない．自分自身としては各関節にトルクを加えてマニピュレータを動かすのだが，各関節にどれだけの力を加えれば，手先とそれぞれの関節がどのように動き，また，手先をどのように動かせば，各関節にどれだけの力が加わるのかよくわかっていないのだ．ホイールダック2号はそういうマニピュレータの性質すべてを理解したいと思った．そう，ホイールダック2号が知りたかったこと．それが動力学なのである．

図 13.1　おじいちゃんにミカンを渡すホイールダック2号

13.1 2リンク2関節マニピュレータの運動方程式

12章でラグランジュ法による運動方程式の導出法を学んだ．制御入力を与えた際のロボットの運動は動力学に支配されており，対象システムの運動方程式がわかっていないと，結果的に生じる運動を予測することができない．ロボットの運動方程式を知ることが，ロボットの制御や動作解析をするうえで重要なポイントとなる．本章では，12章の内容を発展させ，ホイールダック2号@ホームに増設された2リンク2関節マニピュレータの運動方程式を導出する．今，図 13.2 に示すようなマニピュレータがあったとする．今回も重力の影響を考慮する．ここで，i 番目（$i = 1, 2$）の関節角度を θ_i，関節トルクを τ_i とすると，一般化座標と一般化力はそれぞれ $q_i = \theta_i$，$Q_i = \tau_i$ となる．その他の物理パラメータは以下とする．

l_i ：i 番目リンクのリンク長
m_i ：i 番目リンクの質量
I_i ：リンク i のリンク重心周りの慣性モーメント
l_{gi} ：i 番目関節の回転中心から i 番目リンクの重心までの距離

まずは，ラグランジュ関数 L を求めるために，運動エネルギー K とポテンシャルエネルギー P を求めよう．運動エネルギー K は，リンク1の運動エネルギーを K_1，リンク2の運動エネルギーを K_2 とすれば，$K = K_1 + K_2$ となる．今回の場合には，12.3.2 節や 12.3.3 節と異なり，各リンクの慣性モーメントをリンク重心周りで設定している．この場合には，各リンクの運

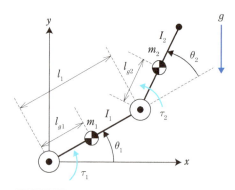

図 13.2 2リンク2関節マニピュレータ

動エネルギーはリンク重心の並進運動のエネルギーとリンク重心周りの回転
運動のエネルギーの和となる．したがって，

$$K_1 = \frac{1}{2}m_1(\dot{x}_{m1}^2 + \dot{y}_{m1}^2) + \frac{1}{2}I_1\dot{\theta}_1^2 \tag{13.1}$$

$$K_2 = \frac{1}{2}m_2(\dot{x}_{m2}^2 + \dot{y}_{m2}^2) + \frac{1}{2}I_2(\dot{\theta}_1 + \dot{\theta}_2)^2 \tag{13.2}$$

となる．ただし，x_{mi}, y_{mi} はそれぞれ i 番目リンクの重心位置を意味し，順
運動学から以下で得られる．

$$\begin{cases} x_{m1} = l_{g1}\cos\theta_1 \\ y_{m1} = l_{g1}\sin\theta_1 \end{cases} \tag{13.3}$$

$$\begin{cases} x_{m2} = l_1\cos\theta_1 + l_{g2}\cos(\theta_1 + \theta_2) \\ y_{m2} = l_1\sin\theta_1 + l_{g2}\sin(\theta_1 + \theta_2) \end{cases} \tag{13.4}$$

一方，ポテンシャルエネルギー P はリンク 1 のポテンシャルエネルギーを
P_1，リンク 2 のポテンシャルエネルギーを P_2 とすれば，$P = P_1 + P_2$ であ
り，それぞれ以下となる．

$$P_1 = m_1 l_{g1} g \sin\theta_1 \tag{13.5}$$

$$P_2 = m_2 l_1 g \sin\theta_1 + m_2 l_{g2} g \sin(\theta_1 + \theta_2) \tag{13.6}$$

ここまでに求めた運動エネルギーの総和 $K = K_1 + K_2$ とポテンシャルエ
ネルギーの総和 $P = P_1 + P_2$ より，ラグランジュ関数 $L = K - P$ を求め，
式 (12.5) に代入することで，運動方程式を求めることができる．今回の場合
では $q_i = \theta_i$，$Q_i = \tau_i$ であるため，結局，次式を得る．

$$\tau_i = \frac{d}{dt}\Big(\frac{\partial L}{\partial \dot{\theta}_i}\Big) - \frac{\partial L}{\partial \theta_i} \tag{13.7}$$

結果的にこれらの式 (13.1)〜(13.6) を式 (13.7) に代入することで，2 リンク
2 関節マニピュレータの運動方程式として次式を導出できる．

$$\boldsymbol{\tau} = \boldsymbol{M}(\boldsymbol{\theta})\ddot{\boldsymbol{\theta}} + \boldsymbol{h}(\boldsymbol{\theta}, \dot{\boldsymbol{\theta}}) + \boldsymbol{g}(\boldsymbol{\theta}) \tag{13.8}$$

ただし，$\boldsymbol{\tau} = (\tau_1,\ \tau_2)^\top$，$\boldsymbol{\theta} = (\theta_1,\ \theta_2)^\top$ とする．また，第 1 項が慣性項，第
2 項が非線形項，第 3 項目が重力項となる．各項の成分は以下で与えられる．

$$M(\theta) = \begin{pmatrix} M_{11} & M_{12} \\ M_{21} & M_{22} \end{pmatrix}$$

$$M_{11} = I_1 + I_2 + m_1 l_{g1}^2 + m_2(l_1^2 + l_{g2}^2 + 2l_1 l_{g2}\cos\theta_2)$$
$$M_{12} = M_{21} = I_2 + m_2(l_{g2}^2 + l_1 l_{g2}\cos\theta_2)$$
$$M_{22} = I_2 + m_2 l_{g2}^2$$

$$h(\theta, \dot{\theta}) = \begin{pmatrix} -m_2 l_1 l_{g2}\dot{\theta}_2(2\dot{\theta}_1 + \dot{\theta}_2)\sin\theta_2 \\ m_2 l_1 l_{g2}\dot{\theta}_1^{\ 2}\sin\theta_2 \end{pmatrix}$$

$$g(\theta) = \begin{pmatrix} m_1 g l_{g1}\cos\theta_1 + m_2 g\left(l_1\cos\theta_1 + l_{g2}\cos(\theta_1 + \theta_2)\right) \\ m_2 g l_{g2}\cos(\theta_1 + \theta_2) \end{pmatrix}$$

　以上が 2 リンク 2 関節マニピュレータの運動方程式となる．12.3.2 節に示した 1 リンク 1 関節マニピュレータの場合と比較して，たった 1 リンク 1 関節が増えただけで，運動方程式がずいぶんと複雑になるのがわかるだろう．この理由を簡単に説明すれば，「関節角度が変化することで，リンク全体の慣性モーメントが変化するため」であり，「1 つのリンクの運動が作用反作用によってもう一方のリンクの運動に影響を与えるため」である．

13.2　順動力学と逆動力学

13.2.1　動力学の分類

　これまでに説明してきたように，マニピュレータの運動方程式はラグランジュ法によって求められることがわかった．モデル化誤差がなければ，実際のマニピュレータの運動は，この運動方程式に支配されて動作する．したがって，運動方程式を用いることで動力学の観点からの運動解析が可能となる．この動力学は 2 つに大別できる．それが**順動力学**と**逆動力学**である．順動力学では式 (13.8) の運動方程式を介して，「特定の関節トルクを与えたときに，結果的に生じる関節運動を計算する方法」である．一方，逆動力学では，「特定の関節運動を考えたときに，それを実現させる関節トルクを計算する方法」である．これら順動力学と逆動力学の関係をまとめたのが**図 13.3** である．

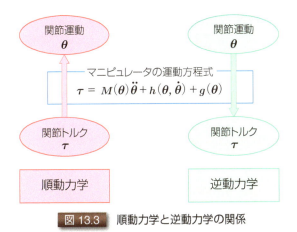

図 13.3 順動力学と逆動力学の関係

13.2.2 順動力学

順動力学について説明しよう．順動力学は「制御トルクを入力した際に，実際にマニピュレータがどのような動きをするのか」を知るときに用いる．具体的には運動方程式 (13.8) の左辺に対し，時間 t で変化する，ある特定のトルク $\tau = \tau_{in}(t)$ を与え，その結果として生じる関節角度の運動 θ_{out} を計算する．この計算では，運動方程式を微分方程式として θ について解き，その解である $\theta = \theta_{out}$ を求める[1]．例えば，関節座標系 PD 制御の場合，制御入力である関節トルク式 (8.2) や式 (8.14) を式 (13.8) の左辺に代入する．そして，得られる全体の運動方程式を微分方程式として θ について解くことで，結果的に生じる関節運動を知ることができる．

マニピュレータの運動方程式を解いて関節運動を求めるには，通常はコンピュータプログラムで数値的に解く方法を用いる．例えば，**ルンゲクッタギル法**などをプログラムすることで計算が可能である[2]．

13.2.3 逆動力学

順動力学とは逆に，目標の関節角度の運動 $\theta_d(t)$ が与えられており，その運動の実現に必要な関節トルク $\tau_d(t)$ を知りたい場合がある．この計算が逆

---

[1] その際には時間 $t = 0$ における関節の初期状態である $\theta(0)$ と $\dot{\theta}(0)$ が必要となる．
[2] 近年は専用のシミュレーションソフトが存在する．例えば，MathWorks 社が開発している商用の数値解析ソフトウェア MATLAB やオープンソース方式で開発されている物理演算エンジンである Open Dynamics Engine (http://www.ode.org) などである．これらを利用すれば，比較的簡単にマニピュレータの運動を計算できる．

動力学である．逆動力学の計算では，目標の関節角度の運動 $\boldsymbol{\theta}_d$[3] が時間 t の関数として与えられ，$\boldsymbol{\theta}_d(t)$ を時間 t で微分することで目標角速度 $\dot{\boldsymbol{\theta}}_d(t)$ と目標角加速度 $\ddot{\boldsymbol{\theta}}_d(t)$ を算出し，これらを式 (13.8) に代入することで，結果的に左辺の $\boldsymbol{\tau}_d(t)$ を求める．

なお，順動力学が運動方程式を微分方程式として，積分して $\boldsymbol{\theta}$ を求めるのに対し，逆動力学は目標の関節軌道 $\boldsymbol{\theta}_d$ が与えられた際に，微分により $\dot{\boldsymbol{\theta}}_d$ と $\ddot{\boldsymbol{\theta}}_d$ を求めて，これらを運動方程式に代入すればよいため，一般的には順動力学の計算のほうが難しく，逆動力学のほうが容易となる．

13.3 計算トルク法による軌道制御

13.3.1 並進 1 自由度システムの例

次に，逆動力学を用いた軌道制御の方法について説明しよう．ただし，はじめは概念を理解するために，一度，マニピュレータの運動方程式を離れて，図 **13.4** の質量 m の質点 1 自由度の並進運動を考えてみよう．空気抵抗と重力の影響を完全に無視できるとし，変位を x とすると，この質点の運動方程式は以下で与えられる．

$$f = m\ddot{x} \qquad (13.9)$$

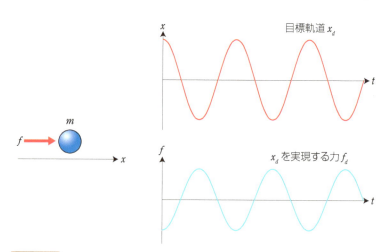

図 **13.4** 計算トルク法のイメージ（目標運動 x_d とそれを実現する力 f_d）

---

[3] 目標の手先運動 $\boldsymbol{x}_d(t)$ が与えられており，逆運動学などを介して $\boldsymbol{\theta}_d(t)$ を得られる場合もある．

この質点の運動に関して，ある目標運動 $x_d(t)$ が与えられた際に，この運動を実現する力 f_d は以下で与えられる.

$$f_d = m\ddot{x}_d(t) \tag{13.10}$$

この計算は逆動力学に相当する．つまり，対象の質点の質量 m の値が既知であるならば，式 (13.10) より得られた f_d を与えれば，結果的に目標運動 $x_d(t)$ が実現できることを意味する.

例えば，この質点を角周波数 ω，振幅 a で振動運動させたいとし，目標運動が $x_d(t) = a\cos\omega t$ だったとする．この目標運動に対し，その加速度 $\ddot{x}_d$ を求めると

$$\ddot{x}_d(t) = -a\omega^2\cos\omega t \tag{13.11}$$

となり，式 (13.11) を式 (13.10) に代入することで

$$f_d = -am\omega^2\cos\omega t \tag{13.12}$$

が得られ，式 (13.12) の力 f_d を質点に与えることで，目標運動 $x_d = a\cos\omega t$ を完全に実現できる．つまり，質量 m の値さえ完全にわかっていれば，逆動力学を利用することで高精度の軌道制御が可能となるのである.

13.3.2 マニピュレータにおける計算トルク法

上記の位置制御法をマニピュレータの運動方程式に拡張しよう．今，式 (13.8) の 2 リンク 2 関節マニピュレータの運動方程式を考える．式 (13.8) では重力の影響は考慮しているが，ここでは空気抵抗やクーロン摩擦は無視できるものとする [4]．質量 m_i やリンク長 l_i や慣性モーメント I_i などロボットの物理パラメータがすべて既知と仮定すると，目標の関節運動 $\boldsymbol{\theta}_d(t)$ に対して逆動力学より

$$\boldsymbol{\tau}_d = \boldsymbol{M}(\boldsymbol{\theta}_d)\ddot{\boldsymbol{\theta}}_d + \boldsymbol{h}(\boldsymbol{\theta}_d, \dot{\boldsymbol{\theta}}_d) + \boldsymbol{g}(\boldsymbol{\theta}_d) \tag{13.13}$$

を満たす関節トルク $\boldsymbol{\tau}_d$ を関節に入力することで，目標の関節運動 $\boldsymbol{\theta}_d(t)$ を完璧に実現できる．このような，逆動力学に基づく軌道制御法を**計算トルク法**と呼ぶ.

8.4 節では，PTP 制御を用いた簡易的な軌道制御として式 (8.14) を紹介した．しかし，この簡易的な軌道制御では，時刻 t において，現在の関節角

---
[4] クーロン摩擦については巻末付録を参照のこと.

度 $\boldsymbol{\theta}(t)$ と目標関節角度 $\boldsymbol{\theta}_d(t)$ に誤差が生じていないとトルクを発生させることができないため，理論上完全に関節角度が目標軌道に追従することはできない．

一方，計算トルク法の場合では，理論上完全に目標軌道に追従することができる．ただし，式 (13.13) を導出し，実際に計算する必要があるため，PD 制御に比べコンピュータに対して計算負荷が多い[5]．また，運動方程式中の各物理パラメータの値を正確に知っておく必要がある．

実際には，使用するマニピュレータの必要な物理パラメータすべての値を正確に知っておくことは困難な場合があるし，さきほどは無視した空気抵抗やクーロン摩擦などの影響を受け，精度が落ちる場合もある．このような場合には，計算トルク法を拡張し，式 (13.13) に式 (8.14) の PD 制御を組み合わせる方法や，**適応制御**を用いる方法がある．適応制御は，事前に推定した物理パラメータの値に誤差をもつ場合にも，運動しながらパラメータを更新させ，高精度な軌道追従を実現できる．適応制御に関しては，ぜひとも他書[6]を参考に勉強してほしい．

13.3.3 アクチュエータの運動方程式

これまでの計算トルク法の解説では，マニピュレータの関節に任意の目標トルクを発生させることができると仮定している．確かに，式 (6.2) で説明したように，アクチュエータに直流モータを利用する場合，「発生トルクは入力された電流に比例する」と考えることができる．ただし，実際には角速度に比例した逆起電力が生じるし，さまざまなモデル化誤差も存在し，これらの影響を受ける．その結果，発生トルクに誤差が生じる．したがって，より精度の高い計算トルク法を行うには，マニピュレータの運動方程式だけでなく，使用するアクチュエータのもつ力学的特性，つまり運動方程式をも考慮しなければならない．

このように，マニピュレータ（ロボットアーム）の運動方程式を知ることで，ホイールダック 2 号は，より高精度な位置制御を行うことができるようになるのだ．

---

[5] ただし，昨今のコンピュータの計算能力では問題ないレベルである．
[6] 例えば，『ロボットの力学と制御』朝倉書店など．

まとめ

- ラグランジュ法を用いることで，マニピュレータの運動方程式を導出できる．
- 動力学には，順動力学と逆動力学の 2 つの種類が存在する．
- 計算トルク法では，逆動力学を用いて軌道制御を実現する．

❶ 式 (13.1)〜(13.7) を用いて式 (13.8) の導出を実際に自分で計算して，確かめよ．

❷ 順動力学と逆動力学の違いを，式 (13.8) のマニピュレータの運動方程式を用いて説明せよ．

❸ マニピュレータの計算トルク法について説明し，計算トルク法の短所と長所について述べよ．

第14章
インピーダンス制御

STORY

「じゃあ，そろそろ帰るね．ダックくん帰ろう？」 夕日が西の空に差しかかってきたころ，ホノカはおじいちゃんに言った．「ほっほっほ．元気でな．ホノカも，ダックくんも．気をつけて帰るんじゃぞ」 おじいちゃんもすっかりホイールダック2号のことを好きになったようだ．おじいちゃんと話し続けるホノカより一歩先に，ホイールダック2号が家を出ようと，ドアノブに手をかけたその瞬間「バキバキ！！」 ドアノブが折れてしまいました．そう，ドアノブを開けるのはなかなか難しかったのだった．ホイールダック2号に最後に求められたもの．それはインピーダンス制御だった．

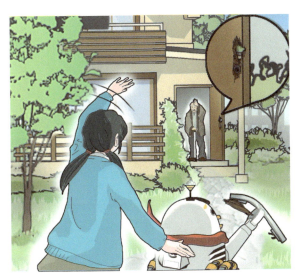

図14.1 ドアノブをもったままおじいちゃんの家をホノカと後にするホイールダック2号

14.1 ドアノブ問題

14.1.1 はじめに

これまでにマニピュレータの制御として，位置制御と力制御をマスターしてきた．しかし，これらの制御だけでは，ロボットが外部環境に対して行動をするとき，さまざまな不確定要素や誤差の影響から，その外部環境を破壊してしまう場合がある．特に，ロボットが人間と協調作業するときは，人間に危害を加える恐れがある．このような問題点を解決する方法の 1 つとしてインピーダンス制御について解説する．

14.1.2 ドアノブ問題の整理

まずは，STORY における問題設定をおさらいしてみよう．今，ホイールダック 2 号@ホームがドアノブを手にとり，ドアを開けようとする．以下では簡単のためドアノブの形状は考慮せず，ドアノブを単に点とみなす．同様にホイールダック 2 号の手先位置も点とする．これをイメージしたものが図 **14.2** である．ドアは 蝶 番 で壁と接続されており，蝶番を中心として回転運動をする．このとき，ドアノブ上の点は半径 r の軌跡を描く．もし，蝶番の位置や回転半径 r が非常に高い精度で得られており，同様にホイールダック 2 号の位置やリンク長などが極めて高精度に得られていたとすれば，ドアを開けるために，事前にわかっている物理情報から軌道制御を行い，ドアノブの軌跡を実現すればよい．

しかし，実際にはドアやホイールダック 2 号の物理情報は，必ずしも制御

図 14.2　ドアの開閉問題

時において高精度にわかっている場合ばかりではない．まったく不明な場合もあるし，ある程度は正確な値がわかっても多少の誤差を含む場合もある．物理情報が正確に得られない場合に，マニピュレータにドアノブの軌跡を描かせようとしても，実際にはこれらの誤差から，図のように結果的に生成される手先軌道はドアノブの軌跡とは異なる．最悪の場合ではドアが破壊されてしまう．今回の例では，壊れたドアは修理すれば済むかもしれないが，ロボットと人間との協調作業の場合では，ロボットが人間に危害を加えてしまい取り返しのつかないことになる危険性もある．

このような問題を解決する方法の1つが**インピーダンス制御**である．

14.2 電気インピーダンスと機械インピーダンス

そもそも**インピーダンス**とは何であろうか．物理学ではインピーダンスといえば，**電気インピーダンス**が有名である．しかし，工学的にインピーダンスとは必ずしも電気インピーダンスのみを意味する用語ではない[1]．本章でいうインピーダンスとは**機械インピーダンス**のことである．ここでは，機械インピーダンスと電気インピーダンスとを比較しながら解説したい．

最初に電気インピーダンスを説明する．**図 14.3** のようなコイル（L），コンデンサ（C），電気抵抗（R）を直列に組み合わせた **LCR 回路**があったとする．この直列回路にかかる電圧を E [V] とし，流れる電流を I [A] とする．このとき，コイルにかかる電圧 E_L はコイルのインダクタンスを L とすれば，それらの関係は次式で示される．

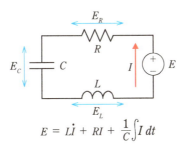

図 14.3　LCR 回路と微分方程式

---

[1] 電気インピーダンス以外にも，機械インピーダンス，音響インピーダンス，光学インピーダンスなどがある．

$$E_L = L\frac{dI}{dt} = L\dot{I} \tag{14.1}$$

次に，電気抵抗の抵抗値を R とすると，電気抵抗にかかる電圧 E_R は次式となる．

$$E_R = RI \tag{14.2}$$

最後に，コンデンサにかかる電圧を E_C とし，コンデンサの電気容量を C とすると，E_C は以下で得られる．

$$E_C = \frac{1}{C}\int I dt \tag{14.3}$$

式 (14.1)〜(14.3) をまとめると，直流回路の電圧 E と電流 I の式として次式を得る．

$$E = L\dot{I} + RI + \frac{1}{C}\int I dt \tag{14.4}$$

式 (14.4) はこの LCR 回路の微分方程式であり，運動方程式とみなせる．式 (14.4) より，この LCR 回路において電圧 E と結果的に流れる電流 I の関係は，コイル・コンデンサ・抵抗の L, C, R の値によって決まることがわかるであろう．この L, C, R の値によって得られる回路全体の抵抗値に相当する値が電気インピーダンスである．具体的な電気インピーダンスの計算については省略するので，他書 [2] を参考にしていただきたい．

　次に，電気回路から話題を変えて，**図 14.4** のような機械システムを考えよう．このシステムでは質量（マス），バネ，ダンパが直接つながっており，**マス・バネ・ダンパシステム**という．このマス・バネ・ダンパシステムは機械制御において，極めて基本的でかつ重要なシステムである．図 14.4 では，システムに与える力を F とし，それによって生じる変位を x とする．このとき，システムに与える力は結果として，質量の加速，ダンパのブレーキ，バネの伸びに消費されることから，質量を M，粘性係数を D，バネ係数を K とおくと，力 F と変位 x の関係は次式となる．

$$F = M\ddot{x} + D\dot{x} + Kx \tag{14.5}$$

ここで注目してもらいたい点は，式 (14.5) は LCR 回路の式 (14.4) と同じ構造をもつことである．式 (14.5) の表記だと少しわかりにくいので，式 (14.5)

---

[2] 例えば，『電気理論（第 2 版）』森北出版など．

160 [第 14 章] インピーダンス制御

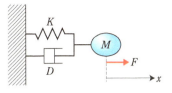

$$F = M\dot{v} + Dv + K\int v\,dt$$

図 14.4 質量・バネ・ダンパシステムと微分方程式

を速度 $v = \dot{x}$ を基準に書き直してみよう．すると

$$F = M\dot{v} + Dv + K\int v\,dt \tag{14.6}$$

となる．LCR 回路の式 (14.4) と式 (14.6) を比べてみると，確かに同じ構造をもち，両者は極めて強い類似性が成り立つことが見てとれる．そこで，電気インピーダンスのときと同じように，マス・バネ・ダンパシステムにおける力 F と速度 v との関連を示す M，D，K の数値の組み合わせのことを機械インピーダンスという．これは「外力 F をシステムに与えた際に，どの程度の速度 v を生じるか」を示しており，外力に対する「物体の動きやすさ」を示している．

14.3 インピーダンス制御のイメージ

ロボット工学において，インピーダンスといえば，多くの場合には機械インピーダンスを意味し[3]，マニピュレータのインピーダンス制御とはマニピュレータの見かけの機械インピーダンス（質量，ダンパ，バネ）の量を制御する方法である．当然，本来のマニピュレータのもっている機械インピーダンスそのものは物理的に変更できないので，制御によって見かけの機械インピーダンスを調整する．

少し理解しづらいかもしれないので，マニピュレータにおけるインピーダンス制御を，もう少し直観的に理解できるようにイメージで説明しよう．図 14.5 のように，ホイールダック 2 号@ホームがおじいちゃんと握手をしようとする．しかし，マニュピレータのもつ質量が大きく，さらに関節のダンパとバネ要素が強い状態に制御されていたとする．このマニュピレータに対し，

---

[3] ただし，電磁駆動アクチュエータの話題では，当然ながら電気インピーダンスを意味することも多い．どのインピーダンスのことをいっているかは文脈より判断するしかない．

図 14.5　機械インピーダンスを制御して柔軟におじいちゃんと握手をするホイールダック 2 号

　おじいちゃんが握手をして腕を上下に振ろうとしても，マニピュレータは重くて関節が硬いために，外力を加えてもスムーズに動かない．これは機械インピーダンスのそれぞれの値が大きいからである．

　次に，このマニピュレータにインピーダンス制御を実装し，見かけの質量・バネ・ダンパの値を十分小さくできたとする[4]．例えば人間の腕のような機械インピーダンスが実現できたと仮定する．この場合には，おじいちゃんが外部からマニュピレータを上下に振ると，マニュピレータは外力を受けて，まるで人間の腕のように柔軟に動くことができるのである．

　このインピーダンス制御を利用することで，先ほどのドアノブ問題が解決できる．図 14.6 のように，手先運動に対して誤差が生じる方向に小さい質量と柔らかいバネとダンパを実現しておけば，誤差を柔軟に吸収してドアをスムーズに開閉することが可能となる．実際に人間がドアを開閉するときなども，手先の位置だけでなく，同時に関節の「柔軟さ」などを調整して滑らかな運動を行っていることは理解できるだろう．

　具体的なインピーダンス制御の方法について次節で後述するが，インピーダンス制御には力センサを用いて高度な制御を行うために，一般に力センサのノイズや計算処理の時間遅れの影響を受けやすく，位置制御や単純な力制御に比べ不安定な動作を起こしやすいという欠点もある．したがって，工業製品としてロボットのインピーダンス制御を実装するには，安全性を十分に

---

[4] インピーダンス制御において，質量をゼロに近づけることは，他の 2 つの要素を小さくすることに比べて難しい．仮に質量が完全にゼロにできた場合，$f = ma$ より，力 f を加えると加速度 a が無限大となるからである．

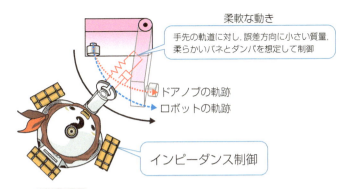

図 14.6 インピーダンス制御によるドアノブ問題の克服

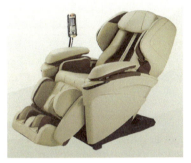

図 14.7 パナソニック株式会社 マッサージチェア REAL PRO
パナソニック株式会社ホームページより転載

考慮し，これらの問題を克服しなければならないが，いくつかの工業製品はこのような安全面を克服して，商品化に成功している．その1つがマッサージチェアである．マッサージチェアとは**図 14.7**のような，温泉や家電量販店でよく目にする，座ったら背中などを自動でマッサージしてくれる椅子状の家電である．マニピュレータの制御とマッサージチェアは一見無関係に思えるかもしれないが，実はマッサージチェアにはマニピュレータが内蔵されている[5]．簡単にいえば，内部のマニピュレータの先端にモミ玉が搭載されており，このモミ玉の位置や力を制御することで，人体をマッサージするのである．例えば，パナソニック製のマッサージチェア「REAL PRO」の上位機はインピーダンス制御を実装しており（2017年現在），単にモミ玉の軌道だけでなく，モミ玉の見かけの機械インピーダンスを制御することで，実際のマッサージ師のような滑らかなマッサージを実現している．

---

[5] ただし，マッサージに特化した特別な構造をしており，人間の腕のような構造をしているわけではない．

14.4 インピーダンス制御の方法

14.4.1 はじめに

ホイールダック2号のドアノブ問題では，先述したように，マニピュレータにインピーダンス制御を実装すれば問題が解決できるが，実際にインピーダンス制御を行わせるためには，どのような制御を関節トルクに実装したらよいだろうか．

インピーダンス制御は，大きく分けて2つのアプローチが存在する．それが**力制御ベース**のものと**位置制御ベース**のものである．ここでは，簡単のために多リンク構造ではなく，**図14.8**のような並進1自由度の関節をもつマニピュレータにインピーダンス制御を実装することを考えてみよう．マニピュレータが本来もつ機械インピーダンスの真値が質量 M，ダンパ D，バネ K である場合に，外力 F_E が加えられたとする．このときアクチュエータより力 F_A を発生させ，見かけの機械インピーダンスを望みの値に制御する方法を考える．以下では力制御ベースと位置制御ベースの2つの方法について紹介するが，いずれの場合にも，必要に応じてセンサを用いて変位 x，速度 $\dot{x}$，加速度 $\ddot{x}$，外力 F_E などがリアルタイムに計測できるものとする．

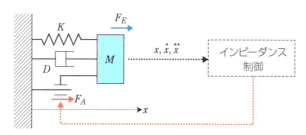

図14.8 並進1自由度マニピュレータに対するインピーダンス制御

14.4.2 力制御ベースのインピーダンス制御

はじめに，力制御ベースのインピーダンス制御の基礎的な概念を説明しよう．図14.8において，マニピュレータの運動方程式は機械インピーダンスの真値を用いて，以下で表現される．

$$F_E + F_A = M\ddot{x} + D\dot{x} + Kx \tag{14.7}$$

ここでのポイントは，F_E は外部から加えられる力であり制御できないが，F_A

はアクチュエータの発生力であり制御が可能な点である.

一方,インピーダンス制御によって実現したい「見かけの質量,ダンパ,バネの値」をそれぞれ m_d, d_d, k_d とする.このとき,目標の機械インピーダンスを実現するために,以下の力をアクチュエータによって発生させることを考える.

$$F_A = (M - m_d)\ddot{x} + (D - d_d)\dot{x} + (K - k_d)x \qquad (14.8)$$

このとき,先述したように加速度 $\ddot{x}$,速度 $\dot{x}$,変位 x の情報は,センサを用いて,リアルタイムに計測されているとする.この制御式 (14.8) を式 (14.7) に代入することで,結果として,マニピュレータの運動は以下の式に支配されることになる.

$$F_E = m_d\ddot{x} + d_d\dot{x} + k_d x \qquad (14.9)$$

式 (14.9) より,加えられた外力 F_E に対し,結果的に生じる運動が目標の機械インピーダンスを実現できているのがわかるだろう.

ただし,式 (14.8) は極めて理想的な状態での制御法である.実際にはセンサノイズの影響などから,精度の高い加速度の計測およびフィードバックは非常に困難であり,加えてモデル化誤差やサンプリング時間による計算時間の遅れなども生じる.これらの影響により,目標とする機械インピーダンスを実現できない場合がある.したがって,実際のハードウェアに適用する場合には,式 (14.9) をベースにハードウェアの条件に応じて制御式を改良したものが用いられることになる.

14.4.3 位置制御ベースのインピーダンス制御

次に,位置制御ベースのインピーダンス制御の基礎的な概念を説明しよう.対象システムは先ほどと同様に,図 14.8 の並進 1 自由度マニピュレータとする.また,このマニピュレータは 7.3.2 節にて説明したように,コンピュータで制御を行う際に短い時間の間隔 Δt(サンプリング時間)で処理を行っているものとする.この Δt は一定で変化しないものと仮定する.もし,対象とするシステムで目標の機械インピーダンスが実現したとするならば,外力 F_E に対し結果的に生じる運動 x_d は以下の運動方程式にて支配される.

$$F_E = m_d\ddot{x}_d + d_d\dot{x}_d + k_d x_d \qquad (14.10)$$

しかし,現実のシステムは機械インピーダンスが異なるために,そのままで

は，この運動 x_d を実現できない．

　位置制御ベースのインピーダンス制御では，ある時刻 t_1 における外力 $F_E(t_1)$，変位 $x(t_1)$，速度 $\dot{x}(t_1)$ が計測できるものとする．このとき，外力 $F_E(t_1)$ に対し，式 (14.10) の運動方程式を解き，Δt 秒後におけるシステムが目標の機械インピーダンス（m_d, d_d, k_d）を有していた場合の理想的な変位 $x_d(t_1 + \Delta t)$ と速度 $\dot{x}_d(t_1 + \Delta t)$ を計算しておく．そして，その理想的な $x_d(t_1 + \Delta t)$ と $\dot{x}_d(t_1 + \Delta t)$ を目標位置とし，それを実現するようにアクチュエータの発生力 $F_A(t_1)$ を用いて位置制御を行う．例えば位置制御として PD 制御を用いる場合では次式を与える．

$$F_A(t_1) = K_p\big(x_d(t_1 + \Delta t) - x(t_1)\big) + K_v\big(\dot{x}_d(t_1 + \Delta t) - \dot{x}(t_1)\big)$$
(14.11)

ここで K_p, K_v はフィードバックゲインである．

　次に，Δt 秒後の次の時刻 $t_2 = t_1 + \Delta t$ では，同様に計測された $F_E(t_2)$，$x(t_2)$，$\dot{x}(t_2)$ から式 (14.10) を介して，Δt 秒後の理想的な変位 $x_d(t_2 + \Delta t)$ と速度 $\dot{x}_d(t_2 + \Delta t)$ を計算し，アクチュエータの発生力 $F_A(t_2)$ を次式で与える．

$$F_A(t_2) = K_p\big(x_d(t_2 + \Delta t) - x(t_2)\big) + K_v\big(\dot{x}_d(t_2 + \Delta t) - \dot{x}(t_2)\big)$$
(14.12)

あとは，これを Δt 秒ごとに繰り返し，理想的なシステムの挙動を高精度に実現できれば，このシステムは見かけ上，目標の機械インピーダンスを実現できたことになる．

　位置制御ベースのインピーダンス制御のイメージを**図 14.9** にまとめる．これらの 2 つのインピーダンス制御のアプローチにはそれぞれ短所・長所が存在するため，どちらが良いか悪いかなどは一概にはいえない．例えば，表現可能なインピーダンスの幅や，運動における周波数特性や安定性などが異なる．今回の例では，かなり理想的な条件でインピーダンス制御の概念を説明したが，より詳細なインピーダンス制御の詳細については他書 [6] の一読を勧める．なお，このようにアクチュエータ制御を用いて，インピーダンス制御を行う方法を**能動（アクティブ）法**などと呼ぶ．

---

[6] 例えば，『ロボット制御基礎論』コロナ社など．

166 [第 14 章] インピーダンス制御

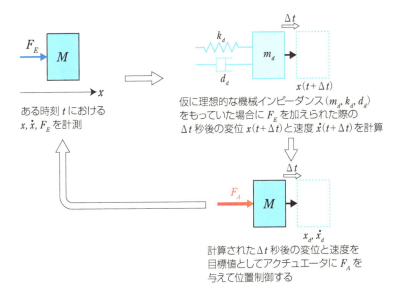

図14.9 並進1自由度マニピュレータに対する位置制御ベースのインピーダンス制御

14.5 コンプライアンス制御

　マニピュレータに要求される運動によっては，必ずしも質量・ダンパ・バネの3つの値を制御する必要がなく，質量とダンパは本来のマニピュレータの有する値のまま，見かけのバネ特性のみを変更すれば，良好な結果が得られる場合も多い．インピーダンス制御の中でも，特に見かけのバネ特性のみを制御する方法を**コンプライアンス制御**あるいは**剛性制御**と呼ぶ．剛性とは簡単にいえばバネの発生力 $f = kx$ におけるバネ定数 k のことである．一方，コンプライアンスとはバネ定数 k に対してその逆数 $1/k$ を意味する言葉であり，「コンプライアンスを制御する」ということは結局バネ定数 k を制御することを意味することから，こう呼ばれる．

　なお，コンプライス制御では，必ずしもコンピュータプログラムによって制御する方法ばかりでなく，**図14.10** のように，実際のバネをマニピュレータ内部に仕込み，ハードウェアを用いて制御する方法もある．図14.10の例では，マニュピレータの先端とハンドの間に適切な弾性をもつバネを複数接続している．ハンドで把持した対象物を穴に挿入しようとしたとき，対象物と穴の位置が多少ずれていたとしても，外力によってバネが柔軟に変形する

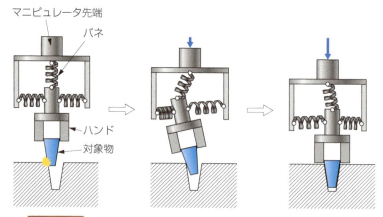

図 14.10 ハードウェアを用いたコンプライアンス制御のイメージ

ことでハンドの位置が変わり，対象物を穴に挿入することができる．つまり，ハードウェアを用いてコンプライアンス制御を実装しているのである．ただし，この方法では，ハンドのバネ特性を変更するときには，いちいち実際に内蔵されたバネを取り換える必要がある．なお，このようにハードウェアに基づいたインピーダンス制御を行う方法を**受動（パッシブ）法**と呼ぶ．

　本章を通して，インピーダンス制御もコンプライアンス制御もマスターすることで，ホイールダック 2 号は周囲の人や環境と調和した作業が行えるようになったのである．

まとめ

- 機械インピーダンスと電気インピーダンスには，微分方程式の視点から強い類似性がある．
- インピーダンス制御では，ロボットの見かけの機械インピーダンスを制御する．
- コンプライアンス制御（剛性制御）とは機械インピーダンスの中でも，バネ特性のみを変更する制御法である．

1. 電磁波の特性インピーダンス，光学インピーダンス，音響インピーダンスについて，電気インピーダンスや機械インピーダンスとの類似性をインターネットや他の書籍を利用して調査せよ．

2. 力制御ベースのインピーダンス制御において，式 (14.7) と式 (14.8) より式 (14.9) を導出できることを示せ．

3. 本書で紹介した位置制御ベースのインピーダンス制御において，軌道追従の観点から考えられる欠点を述べよ．

まとめ

第 15 章

STORY

　今日は博士にとってもホイールダック2号にとっても晴れの舞台．記者会見会場には多くのメディア関係者が集まっていた．博士「今日はお集まりいただきありがとうございます．本日，ご紹介させていただくのがこちら，『ホイールダック2号@ホーム』です！」助手「このたび，一般家庭での運用テストも完了し，一般家庭に向けて発売することとなりました」　記者達がカシャカシャとシャッターを切る中，ホノカも熱い視線を送っていた．記者「質問いいですか？」博士「どうぞ」記者「ホイールダック2号@ホームは運用テストで大変たくさんのものを壊したと聞きましたが，今後いろいろな家庭で活躍するうえで，もうできないことはないとお考えでしょうか？」博士&助手「……あ，いや，それは…」　ホイールダック2号@ホームの飽くなき挑戦は続く．

図 15.1　全世界にお披露目されるホイールダック2号@ホーム

15.1 ホイールダック2号＠ホームの開発物語：総集編

いよいよ最終章となった．本章ではこれまでに学んできたことを振り返りながら，ホイールダック2号＠ホームの開発を通じて獲得してきたロボットの知識を復習したい．

■マニピュレータの基礎用語

1章では，本書の目的であるホイールダック2号＠ホームのマニピュレータ制御の概要について学んだ．マニピュレータとは，何かの作業を想定したロボットアームを意味し，マニピュレータ制御とは，ロボットアームの物理量（例えば，関節角度や関節速度，手先の位置，手先の発生力など）を望みの物理量にコントロールすることであった．マニピュレータは エンドエフェクタ，関節，リンク，センサ，アクチュエータなどから構成された．制御法には，センサ情報を目標値と比較し出力をリアルタイムに変更するフィードバック制御と，センサ情報を用いず出力を変更しないフィードフォワード制御があることを学んだ．

■並進系と回転系の力学

2章と3章では，マニピュレータの制御における力学の重要性を述べた．力学とは，「物体にどのような力（もしくはトルク）を与えればどのような運動をするかを，もしくは特定の運動を行うにはどのような力（もしくはトルク）が必要になるか」を数学的に表現するものである．

並進運動では，変位（距離）を時間微分することで速度に，速度を時間微分することで加速度となることを学び，並進運動する仮想的なバネの力を加えることで，目標位置に位置決めを行うP制御の手法を理解した．しかし，P制御だけでは，オーバーシュートの抑制と収束時間の調整を同時に行うことができなかった．そこで，運動の速度に比例したブレーキ動作を行わせるために，P制御に仮想的なダンパを加えたPD制御の概念について理解した．PD制御では，比例ゲインと速度ゲインの2つの値を上手に決めることで，オーバーシュートを抑制し，かつ素早く目標位置に収束することができた．

回転運動では，変位（回転角度）を時間微分することで角速度に，角速度を時間微分することで角加速度となることを学んだ．回転運動において軸に生じるトルクは，軸の回転中心から力の作用点までの距離とそれに直交する力との積で定義された．並進運動の質量に相当する慣性モーメントの概念を

用いることで，トルクは角加速度と慣性モーメントとの積で定義された．慣性モーメントは「角加速のしにくさ」を表す物理量であり，回転物体の質量や形状，回転軸によって変化することがわかった．

　並進系と回転系の力学には強い類似性が存在し，運動量や運動エネルギー，バネ力やバネエネルギーなどの関係が同じ形式で表現された．この特徴を利用し，回転システムにも並進システムと同様の PD 制御を組み込むことで，回転角度の制御ができることを学んだ．

■自由度

　4 章では，ロボットの運動を考えるうえで，そのロボットが有する自由度を考えることが非常に重要であることを理解した．自由度とは，「独立に数値が変化する変数の数」と解釈できた．複数の自由度がある場合には，並進だけのもの，回転だけのもの，並進と回転を同時に含むものが存在した．また，一般に空中に浮いた（拘束を受けていない）物体は，並進 3 自由度と回転 3 自由度の合計 6 自由度を有することを学んだ．

　目的の手先運動に対し，必要な手先自由度を実現できない場合には，目標の運動が実現できないことがあるため，マニピュレータを設計する際には必要な手先自由度と，実現可能な手先自由度や関節自由度を考慮して設計する必要があることがわかった．

　手先自由度の数と関節自由度の数が同じ場合を非冗長といい，手先自由度の数に比べ関節自由度の数が多い場合を冗長といった．冗長とは，簡単な言葉で言い換えれば余分であることを意味した．冗長マニピュレータの長所は「障害物などがある場合に，回り込み作業などの，より細かい動作が可能になる」「1 つ 1 つの関節の可動範囲が限られている場合には，結果的に大きな可動範囲を得ることができる」ことであった．一方，短所としては「関節数が増えることによるコストの増加」「手先位置を決定しても，関節角度が一意に決まらない」ことであった．

■運動学

　マニピュレータの制御をするうえで，手先位置と関節角度の図形的な関係を知ることが重要であった．このように，手先位置と関節角度の図形的な関係を計算することを運動学といった．運動学には，関節角度から手先位置を計算する順運動学と，手先位置から関節角度を計算する逆運動学の 2 つがあった．

　5 章では，2 自由度の非冗長マニピュレータについて順運動学と逆運動学の計算式を導出した．順運動学は基本的には単純な三角関数の掛け算と足し

算で簡単に計算できるのに対し，逆運動学は順運動学に比べ計算が複雑となることを学んだ．また，冗長マニピュレータの場合には，順運動学を解くことはできるが，逆運動学では解が一意に求められないことを学んだ．

■ロボット用アクチュエータ

6章では代表的なロボット用アクチュエータの仕組みと特徴を学んだ．

電磁駆動アクチュエータは，ローレンツ力や磁力を利用するものであり，その代表例が直流モータであった．直流モータではトルク制御が容易である．しかし，発生トルクが小さいために，通常はコイルの巻き数を増やし，ギアを組み合わせて用いることが多い．したがって，重量が大きくなるなどの短所が存在した．

油圧駆動アクチュエータは，油を用いて駆動させるアクチュエータであり，油圧シリンダがその代表例であった．一般にスピードは遅いがその発生力が大きいため，大きな力を必要とする土木・建築機械に多く用いられている．ただし，駆動部以外にもポンプなどの設備が必要となり，油漏れなどを生じる場合があった．

空圧駆動アクチュエータの基本的構造は油圧駆動アクチュエータとほぼ同じであるが，油の代わりに空気を用いることが一番の相違点であった．空気の圧縮性のため，アクチュエータの動きに柔軟性をもたせることが可能であった．

その他のアクチュエータとして，超音波アクチュエータを学んだ．また，DA変換器について理解し，コンピュータのプログラム上の数値を用いて直流モータのトルク制御を行う方法を学んだ．

■ロボット用センサ

7章では代表的なロボット用センサとして角度センサ，角速度センサ，力センサの仕組みについて学んだ．

角度センサに関してはポテンショメータとエンコーダについて学んだ．角速度センサは直流モータの仕組みを利用したものと，間接的に角度センサのデータから角速度を求める方法を理解した．力センサでは歪ゲージとホイートストンブリッジ回路を用いたものを学んだ．

また，AD変換器について理解し，センサから得られた物理量をコンピュータのプログラム上の数値として取り込む方法を説明した．さらに，DA変換器・AD変換器とコンピュータ・センサ・アクチュエータを用いたロボット制御システムについて学んだ．

■関節座標系の位置制御

8章では，マニピュレータの手先位置制御として PTP 制御と軌道制御の違いについて学んだ．PTP 制御とは，簡単にいえば点から点への制御であった．一方，軌道制御は目標軌道が与えられたとき，その軌道に追従するように制御させる方法であった．

ホイールダック2号@ホームに増設された2リンク2関節システムを対象に，関節座標系 PD 制御による位置決め方法を理解した．関節座標系 PD 制御とは目標手先位置に対応する目標関節角度を逆運動学の計算を介して導き，それぞれの関節に対し，PD 制御を行う方法であった．

8章までの議論ではマニピュレータに作用する重力の影響は無視していた．しかし，実際に重力を補償する成分を制御入力に付加しない場合には，重力による影響と P 制御によるバネの効果が相殺するポイントで手先がつり合ってしまい，手先位置が目標位置に収束できなかった．そこで，重力補償を求める方法として，リンクのポテンシャルエネルギーを関節角度で偏微分する方法を学んだ．また，PTP 制御の目標手先位置を時々刻々と変化させることで，簡易的な軌道制御を行う方法を学んだ．

■ヤコビ行列と特異姿勢

9章では，ヤコビ行列を介した手先速度と関節角速度の関係を求めた．ホイールダック2号@ホームの2リンク2関節マニピュレータに対し，順運動学を時間微分することで，関節角速度から手先速度を求める方法を学んだ．その際，数式をベクトル・行列で表記し，ヤコビ行列に逆行列が存在する場合には，逆関係により手先速度から関節角速度を求めることができることがわかった．

さらに，ヤコビ行列の逆行列を利用した軌道制御である分解速度法について理解した．また，ヤコビ行列に逆行列が存在しない場合は，特異姿勢と呼ばれる特殊な姿勢であることを学んだ．

■力制御と作業座標系 PD 制御

マニピュレータに，より高度な作業をさせるために，さらに必要な知識として，手先の発生力と関節トルクの関係を知ることが重要であった．10章では，ヤコビ行列に仮想仕事の原理を適用することで，この関係を知ることができた．これにより，ホイールダック2号@ホームは力制御が可能となった．また，この力関係を拡張した，作業座標系 PD 制御法も学んだ．これは手先位置をカメラなどで直接計測しフィードバックできる制御法であった．

■人工ポテンシャル法

　11章では，対象システムに人工的にポテンシャル場を与えて，位置制御を行う人工ポテンシャル法を学んだ．力学的に考えれば，入力するポテンシャルは必ずしもバネに起因するものでなくてもよく，目標位置に低いポテンシャル，障害物に高いポテンシャルを与えることで，マニピュレータの障害物回避にも利用可能であることを理解した．さらに，この人工ポテンシャル法は単にマニピュレータの制御のみならず，移動ロボットにも拡張可能であることがわかった．

■解析力学の基礎

　12章では静力学と動力学の違いを学んだ．ロボットのより詳細な運動を解析するには，単に図形的な関係（運動学）や，静止した状態でのつり合い力（静力学）だけでは議論が不十分であり，動力学の立場から解析が必要であった．

　この動力学では，物体の運動を運動方程式と呼ばれる微分方程式で表現した．その際，複雑なシステムの運動方程式を求める方法として，ラグランジュ法を学んだ．ラグランジュ法はシステムのエネルギーに着目した方法であり，導出される運動方程式は物理的観点から非常に整理され，理解しやすい表記となっていることを学んだ．

■ロボットの動力学

　13章では，ラグランジュの運動方程式を用いて，ホイールダック2号@ホームに増設された2リンク2関節システムの運動方程式の導出を行った．さらに，特定の関節トルクを与えたときに，結果的に生じるの関節運動を計算する順動力学と，特定の関節運動を考えたときに，それを実現させる関節トルクを計算する逆動力学について学んだ．

　また，逆動力学を拡張した軌道制御の方法として計算トルク法を学んだ．計算トルク法では，マニピュレータの運動方程式と各物理パラメータが既知である場合に，逆動力学をもとに必要なトルクを計算する方法であった．この方法では運動方程式と各物理パラメータが正しく与えられていれば，理論上完全に目標軌道に追従することが可能であった．

■インピーダンス制御

　14章では，より高度な制御としてインピーダンス制御について学んだ．機械インピーダンスと電気インピーダンスの類似性を学び，ロボットにおけるイ

ンピーダンス制御の基礎知識を得て，簡単な並進1自由度の例を用いてインピーダンス制御を理解した．インピーダンス制御を利用することで，ロボットの関節に柔軟性が生まれ，軌道に多少の誤差がある場合の制御や，人間とロボットの協調作業が容易となった．

15.2 マニピュレータの構造

15.2.1 シリアルリンク構造とパラレルリンク構造

これまで学んできたように，マニピュレータの性能は関節自由度，センサやアクチュエータの性能，制御法などによって総合的に決まるが，他の重要な要素としてマニピュレータ本体の構造が挙げられる．

本書ではこれまで暗黙の了解として，対象とするマニピュレータの構造は，人間の腕のようにリンクが直接に連鎖する**シリアルリンク構造**[1]としてきた（**図15.2**(a))．この構造は，手先から根元に向かって，順々にアクチュエータが大型化していく．この結果，可動部の質量が増加し，重力の影響を強く受け，アクチュエータの発生力の多くの部分を重力補償分に消費されてしまう特徴がある．また，実際に駆動させた際に質量が大きいと，生じる加速度が小さくなる．この特徴は，結果的に高速動作や重量物搬送に向いていないという短所となる．さらに，大きな質量をもつことは，人間と衝突した際の安全面にも問題を生じさせる．また，その構造が片持ちばり構造[2]であるために，リンクのたわみなどに起因する手先の位置誤差が生じやすい．

ただし，まったく欠点ばかりかというとそうでもない．シリアルリンク構造は設置面積に対して，比較的大きな可動範囲をとることができる．また，手先の回転に対する可動範囲は後述するパラレルリンク構造に比べ，非常に大きい．

なぜロボットのマニピュレータにシリアルリンク構造が用いられるかというと，これは人間の構造が同じシリアルリンク構造をもっているため，ロボットの構造も同じようにするほうが良いという，ある種の固定概念のようなものである．しかし，必ずしもロボットのマニピュレータが人間と同じシリアルリンク構造をとる必要はない．

---

[1] 直列リンク構造ともいう．
[2] 長い棒の片側が固定され，もう片方の端が固定されていない状態．固定されていない端が構造的に上下に動きやすい．

15.2 マニピュレータの構造　**177**

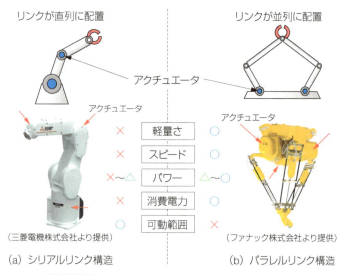

図 15.2 シリアルリンク構造とパラレルリンク構造

　一方で，近年，**パラレルリンク構造**[3] という（図 15.2(b)），シリアルリンク構造とは異なる構造のマニピュレータが産業用ロボットの市場を賑わせている．パラレルリンク構造はベース部のみにアクチュエータを配置する．そうすることで，リンクの断面を薄く軽量化し，マニピュレータ全体で著しく軽量化が可能となる．軽量化のおかげでアクチュエータの発生力のうち，重力補償に用いる分を小さくできる．また，質量が小さいので結果的に大きな加速度を生じることができ，特に高速動作の実現が容易となる．さらに，軽量化のために人間との衝突の際に安全性も高い．したがって，組み立て工場などで高速に部品を搬送する場合には，パラレルリンク構造のマニピュレータが有利となる．しかし，シリアルリンク構造に比べ，設置面積に対する可動範囲が狭いという欠点もある．特に手先の回転範囲はかなり制限される[4]．

　一般にシリアルリンク構造では，順運動学の計算が容易であり，逆運動学の計算が難しい．一方，パラレルリンク構造はその逆の性質をもち，逆運動学の計算が容易であり，順運動学の計算が難しい．このため，パラレルリンク構造では，ヤコビ行列の導出の場合には，一般的に計算の容易な逆運動学を微分して求める．

---

[3] 並列リンク構造ともいう．
[4] そのため，手先部分に回転用の関節とアクチュエータを別途追加することもある．

15.2.2 パラレルワイヤ駆動システム

図 15.2(b) のパラレルリンク構造では，シリアルリンク構造より軽量化が可能であることは説明した．しかしそれでもリンクは剛体であり，リンクが変形しないようにある程度の厚さをもつように設計されるために，それなりの質量を有する．このパラレルリンク構造を有するシステムの1つに**パラレルワイヤ駆動システム** [5] がある（**図 15.3**）．このシステムでは，通常のパラレルリンク構造で用いられている剛体リンクの代わりに，極めて軽量で柔軟なワイヤケーブル（以下，ワイヤ）を利用する．制御対象である手先部からワイヤを張り巡らし，このワイヤをベース部に固定されたアクチュエータユニットに内蔵されたリールで巻き取ることで，手先位置を制御する．

通常のパラレルリンク構造に比べ，さらなる軽量化が可能なことから，高速動作，安全性などで優位性をもつ．また，アクチュエータがユニット化できることから，必要に応じてアクチュエータ位置をそれぞれ遠方に配置することで，容易に可動範囲を大きくできるという長所がある．通常のパラレルリンク構造同様に，逆運動学の計算が容易であり，順運動学の計算が難しい，回転の可動範囲が小さいなどの特徴がある．

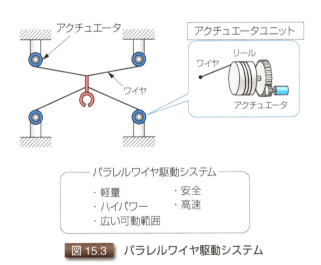

図 15.3 パラレルワイヤ駆動システム

15.2.3 腱駆動ロボット

シリアルリンク構造のマニピュレータは人間の腕を模している．しかし，

---

[5] ケーブルサスペンディッドシステムとも呼ばれる．

実際の人間の腕には，関節部に回転運動を行うアクチュエータが存在するわけではない．人間は骨格の周りに筋肉が付着しており，周囲の筋肉が伸縮することで，関節の回転トルクを発生させている．このような構造を**筋骨格構造**と呼ぶ（**図 15.4**）．

この筋骨格構造を利用したロボットが**図 15.5**(a) に示す**腱駆動ロボット**である．腱駆動ロボットは，一見するとシリアルリンク構造であるが，駆動方法が異なる．このロボットではリンクや関節部から複数のワイヤを張り，プーリなどを介してアクチュエータでワイヤを巻き取ることで，関節を駆動する．人間が骨格に付着した腱を介して，筋力を関節トルクに変換する機構と同じである．この構造ではアクチュエータをベース部に配置するなどして，駆動部の軽量化が可能となる．

ワイヤは押す方向の力伝達ができず，引張り力しか伝達できない．したがって，ワイヤのみで関節を駆動させる場合には，関節数よりもワイヤとアクチュ

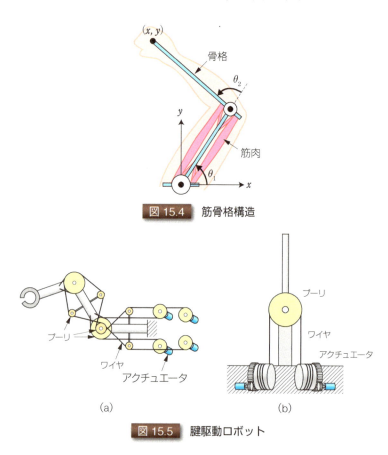

図 15.4　筋骨格構造

図 15.5　腱駆動ロボット

エータの数のほうが多くなる[6]．例えば図 15.5(b) のように関節 1 自由度を駆動させる場合には，ワイヤとアクチュエータが 2 セット必要となる．

　このような特徴は一見するとアクチュエータが増えるので，コスト面から短所に思えるかもしれない．しかし，人体の構造や動作を考えてみると人間は図 15.4 のような筋骨格構造をもち，周囲の環境や目標の運動によって，拮抗筋[7]の引張り力を調整し，積極的に関節の柔軟性を調節して，さまざまな運動を行う．例えば，関節を固くしたいときには拮抗筋に力を入れ，逆に関節を柔らかくしたいときには拮抗筋の力を緩める．筋骨格構造をもつ腱駆動ロボットでは，このような人間が行っている関節の柔軟性の調節を容易に行うことが可能となる．例えば，図 15.5(b) の例では 2 つのアクチュエータで同じ力でワイヤを引っ張れば，つり合いの関係から，関節の角度は変化しない．しかし，引張り力の強弱で関節剛性の強弱を変化させることが可能となる．

15.3　受動歩行ロボット

　本書では主にマニピュレータ，つまりロボットの「腕」について解説を行ってきた．ここで，1 本のマニピュレータを思い通りに制御できるようになれば，**図 15.6** のようにマニピュレータを脚（足）にみたてて本体に取り付けることで，歩行ロボットへの拡張が可能となる．ロボットの歩行についても少しだけ触れておこう．ロボットの歩行は使用する脚（足）の数によって，例

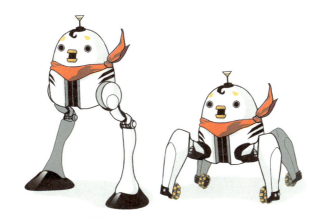

図 15.6　ホイールダックに脚を付けてみた

---

[6] このような特徴を冗長駆動という．
[7] 図 15.5(b) のワイヤのように，反対方向に引張り合う筋肉のこと．

えば4足歩行や2足歩行などと呼ばれる．当然であるが，人間型ロボットなどでは脚が2つあるため，2足歩行となる．

ロボットを歩行させるには，脚と床の接触面積とロボットの重心の関係などを考慮して制御する方法がいくつかある．いずれにせよ，ロボット歩行技術を学ぶには，さまざまな工学的・物理的な知識を必要としているため，詳細については他書[8]に譲る．

さて，歩行のためにはどのような制御が最低限必要なのだろうか．ここでは，受動歩行について紹介する．**受動歩行**とは，アクチュエータ・センサ・電源などをまったく用いることなく，受動的に実現する歩行現象である．図15.7のようにリンクと滑らかな関節を組み合わせたシンプルな構造体を歩行の対象とする．この構造体を坂道の床に乗せ，タイミングよく脚部を押し出すと，勝手に2足歩行を行い，坂道を下りだすのである．コンピュータやセンサ，アクチュエータも搭載されていないシンプルな構造体にもかかわらず，複雑な運動といわれる2足歩行を行うのである．坂道における重力のポテンシャルエネルギーを歩行の運動エネルギーに変換して，受け身的に勝手に歩行するので，受動歩行という．ただし，歩行の際に左右方向のバランスを保つように，通常は脚を3本にし，外側の2つの脚は機械的に同期して動作させるようにしておく．独立に動作できるのが内側と外側の2種類なので，疑似的に2足歩行とみなせる．

この受動歩行は我々も生活の中で実際に体験できる．例えば，歩くのも困難なくらいヘトヘトに疲れたとき，坂道を下るとする．このとき，脚の関節

図 15.7 受動歩行システム
名古屋工業大学 藤本・佐野研究室 WEB サイトを参考に作成

---

[8] 例えば，『ヒューマノイドロボット』オーム社など．

に力が入らない状態にもかかわらず，勝手に脚が前後に動き，坂道を下ることができる．これが人間の受動歩行である．これは人間の身体構造がそもそも２足歩行に適した形に進化してきていることを示唆している．このように，人体の構造を調べ，得られた知見をロボットに応用することで，今後はより人間らしいロボットの開発に役立つ．

15.4 ロボットの知能化

本書ではロボットの知能化についてほとんど触れてこなかった．特にサービスロボットや移動ロボットの場合には，ロボットへの人工知能技術を用いて知能化を図る必要がある．人工知能技術にはさまざまなものがあるが，比較的有名な手法として，ニューラルネットワークや強化学習，ベイジアンネットワークを用いた方法などがある．特に近年では，深層学習（ディープラーニング）という従来のニューラルネットワークを発展させた手法が注目されている．このような人工知能に関しては，姉妹書である『イラストで学ぶ人工知能概論』や，同じシリーズの『イラストで学ぶディープラーニング』『イラストで学ぶ機械学習』などを参考にしてほしい．

みなさんがロボット工学を学ぶことでロボット工学とロボット産業は少しずつ前進し，ホイールダック２号＠ホームはいつの日か本当にみなさんの家に現れることになるだろう．

まとめ

- マニピュレータのリンクが直列に配置される構造をシリアルリンク構造といい，並列に配置される構造をパラレルリンク構造という．それぞれの構造の特徴は異なる．
- パラレルワイヤ駆動システムはパラレルリンク構造の一種であり，剛体リンクの代わりに軽量・柔軟なワイヤを用いる．
- 腱駆動ロボットは，人間が有する筋骨格構造に類似した構造をもつ．
- 受動歩行はアクチュエータやセンサを用いずとも重力のポテンシャルエネルギーを消費して歩行を実現する．
- 人間の構造を調べ，その結果をロボットに応用することで，より人間らしいロボットの開発に役立つ．

❶ 商品化されている産業用ロボットにおけるシリアルリンク構造とパラレルリンク構造についてインターネットなどを利用して調べ，それぞれの製品にどのような特徴があるかまとめよ．

❷ ニューラルネットワークの仕組みをインターネットや他の書籍を利用して調べ，簡単にまとめよ．

❸ 強化学習の仕組みをインターネットや他の書籍を利用して調べ，簡単にまとめよ．

❹ ベイジアンネットワークの仕組みをインターネットや他の書籍を利用して調べ，簡単にまとめよ．

巻末付録

A.1 PID制御を用いたより高精度な位置制御

A.1.1 PD制御における摩擦の影響

　本書では，仮想バネと仮想ダンパの概念を並進系，回転系のそれぞれに採用することで，PD制御による位置決め方法を説明してきた．しかし，摩擦の影響に関しては特に注目してこなかった．この付録では，PD制御を用いた位置決めにおける摩擦の影響とその解決法を紹介する．以下では運動の例としてイメージしやすい並進系を考えるが，並進運動と回転運動の類似性より，容易に回転系に拡張可能である．

　まず摩擦について説明しよう．ここでいう摩擦とは，モータの軸や軸受などに存在する「物体と物体の擦れる場合」の摩擦である．この物体と物体の擦り合わせによる摩擦は，接触する物体同士の間には必ず存在するため，接触する部分[1]では，摩擦を小さくすることができても，それをゼロにすることは実際には不可能である．摩擦の詳細な定義やモデル化は他書に解説を譲るが[2]，この摩擦はダンパのときに紹介した速度に依存する粘性摩擦ではなく，「垂直抗力に依存する摩擦」である．この垂直抗力に依存する摩擦のことを**クーロン摩擦**という．クーロン摩擦力には静止した状態で作用する**静止摩擦力**と，運動中に作用する**動摩擦力**がある．このクーロン摩擦力の主な特徴としては，

1. 摩擦力は垂直抗力に比例する．
2. 物体が静止している状態では静止摩擦力が作用し，物体が運動している状態では動摩擦力が作用する．

---

[1] これを摺動部という．
[2] 例えば，『はじめてのトライボロジー』講談社など．

3. 静止摩擦力は速度が生じる瞬間が最大となり，これを**最大静止摩擦力**という．
4. 最大静止摩擦力は動摩擦力より大きい．
5. 運動する方向に対し，逆方向に摩擦力が生じる．

などがある．上の説明では並進系でクーロン摩擦力を解説したが，実際には回転系でもクーロン摩擦が存在し，その場合の物理量はトルクとなる．

さて今，式 (2.11) で紹介した並進系の PD 制御を再び記述しよう．

$$f(t) = K_p(x_d - x(t)) - K_v\dot{x}(t) \tag{A.1}$$

ここでは，図 2.7 と同様にホイールダック 2 号を目標位置 x_d に位置決めすることを目的とする．2 章の議論ではクーロン摩擦のことを考えていなかったが，ここではホイールダック 2 号の機械要素に起因するクーロン摩擦が存在するものとする．

式 (A.1) で PD 制御を行った場合，ホイールダック 2 号の位置 $x(t)$ が目標位置 x_d に近づくほど，右辺第 1 項の $K_p(x_d - x(t))$ の値が小さくなり，結果的に生じる力 f が小さくなっていく．右辺第 2 項は速度に比例したブレーキであるので，基本的には $x \to x_d$ となるにつれて出力される力 f の大きさが減少していく．その結果，

$$| \text{クーロン摩擦力} | \geqq |f|$$

になると，クーロン摩擦と発生力 f がつり合ってしまい，途中で静止してしまう．このとき位置 $x(t)$ は目標位置 x_d に収束せず，$x(t) \neq x_d$ となり，誤差が残ってしまう [3]．

A.1.2 PID 制御を使った摩擦補償

クーロン摩擦の影響を補償し，位置制御における精度向上を行うのが PD 制御を拡張した **PID 制御**である．式 (A.1) を拡張した PID 制御式を以下に示す．

$$f(t) = K_p(x_d - x(t)) - K_v\dot{x}(t) + K_I \int_0^t (x_d - x(t))dt \tag{A.2}$$

式 (A.2) において，右辺第 3 項が PD 制御に新たに加えられた項であり，誤

---

[3] このような誤差を定常偏差という．

差 $(x_d - x(t))$ を時間 t で積分していることから，**積分項**と呼ばれる．積分を英語でintegral（インテグラル）ということから，積分項のことをI項とも呼ぶ．つまり，PD制御にI項を加えたものであるから，PID制御なのである．また，積分項に対するゲイン K_I を積分ゲインと呼ぶ．説明の都合上，式 (A.2) の第1項と第2項を f_{PD} とおき，第3項を f_I とおくと，式 (A.2) は以下のように書き直すことができる．

$$f(t) = f_{PD}(t) + f_I(t) \tag{A.3}$$

ただし，

$$f_{PD}(t) = K_p(x_d - x(t)) - K_v \dot{x}(t) \tag{A.4}$$

$$f_I(t) = K_I \int_0^t (x_d - x(t))dt \tag{A.5}$$

とする．

　この積分項 $f_I(t)$ の役目を考えてみよう．2章の並進系の位置制御において，PD制御の代わりに式 (A.3) のPID制御を入力した際の運動のイメージを図 **A.1** に示す．図 A.1 では結果的に生じる距離 $x(t)$ を縦軸に，時間 t を横軸にとってある．ここでのポイントは，式 (A.5) の $\int_0^t (x_d - x(t))dt$ が時間 0 から t の間に実際の運動 $x(t)$ と目標値 x_d とに囲まれる面積となることである．では，図 A.1 の運動のイメージを順を追って解説しよう．実際の運動では PID 制御の PD 制御の効果と積分項の効果は同時進行的に起こっていくが，以下では話を簡単にするために，これら2つの効果を切り離して解説する．

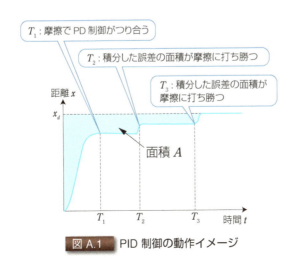

図 A.1　PID 制御の動作イメージ

1. 時刻 $t = 0$ よりスタートした運動 $x(t)$ は，PD 制御の効果で目標位置 x_d に十分近づく．

2. 時間 $t = T_1$ では位置誤差 $x_d - x(t)$ と速度が小さくなり，PD 制御成分 $f_{PD}(T_1)$ が非常に小さくなる．結果的に PID 制御の発生力 $f(T_1)$ が小さくなり，$t = T_1$ におけるクーロン摩擦力 F_{c1} に対し，$|F_{c1}| \geqq |f(T_1)|$ となり，運動が静止する．

3. $t = T_1$ 以降，しばらくの時間 $|F_{c1}| \geqq |f|$ となり運動が静止している．ここで積分項の出番である．積分項 f_I は面積 A の部分を積分ゲイン K_I を乗じて力としている．静止していても誤差 $x_d - x(t)$ がある限り，その面積は時間 t が経過すれば増加していく．つまり，少しずつではあるが，誤差 $x_d - x(t)$ がある限りは発生力 $f(t)$ が増加する．

4. そして $t = T_2$ のとき，$|F_{c1}| < |f(T_2)|$ となり，発生力 $f(T_2)$ がクーロン摩擦力 F_{c1} に打ち勝つことで運動を再開する．

5. 運動を再開した後，新たなクローン摩擦力 F_{c2} とつり合って静止してしまう．しかし，先ほどと同様に時間 t が増加するにつれて面積が増加し，$t = T_3$ において再び発生力が摩擦力に打ち勝つことで，徐々に目標値に近づくことができる．このように摩擦の影響をなくすことを**摩擦補償**という．

以上が，PID 制御によって生じる動作のイメージである．一般的には積分ゲイン K_I を他のゲイン K_P，K_V に対して十分に小さくとらないと，システムが不安定になることが知られている．そのため，ゲインチューニングには注意が必要である．なお，PID 制御は摩擦補償のみならず，8.3 節で解説したような，重力補償の代わりにも用いることができる．

図 A.2 は PID 制御のイメージを 4 コマ漫画で描いたものである．ホイールダック 2 号を初期位置（左）から目標位置（右）まで位置制御したいが，床にはクーロン摩擦の大きな凸凹が存在する．各コマ左上の I ゲージとは積分項の大きさを意味する．スタートしたホイールダック 2 号はクーロン摩擦の大きい領域で運動が妨げられる．しかし，誤差を積分して I ゲージを増加させて摩擦に打ち勝ち，徐々に前進し，目標位置に到達する．ただし，あくまでもイメージであるので，工学的な厳密さに少々欠ける点には目をつぶっていただきたい．

図 A.2　PID 制御のイメージ

ブックガイド

　ここでは，本書を通じてロボット工学にさらに興味をもった読者が，より高度な内容を学んでいくときの助けとなるように，本書を執筆するうえで参考とした書籍，または読者が本書を読んだ後に読めば，さらに理解が深まるだろう書籍をブックガイドとして紹介したい.

　なお本書の想定する読者である一般的なレベルの大学生に合わせてガイドするので，「最先端の研究論文を読もう！」というようなガイドではなく，なるべく読みやすいものを選んでいる．より本格的な文献に当たりたい読者は，ここで挙げる書籍の参考文献をさらに参照するなどして文献を発見し，知識を広げていってほしい.

■マニピュレータ制御

　現在ではロボット工学といえば，移動ロボットやマニピュレータなどの幅広い分野を意味するが，歴史的に見れば，産業用ロボットのマニピュレータ制御がロボットの源流の１つであるといえる.

　本書で取り扱った内容の多くは，以下の著名な書籍の内容を多いに参考にしている．まずはなんといっても

◎吉川恒夫：ロボット制御基礎論（コンピュータ制御機械システムシリーズ），コロナ社，1988.

である．日本のロボット工学の黎明期における権威の一人，いわば「ゴールドセイント」である吉川先生によるマニピュレータ制御の本である．もはや古典的な内容ではあるが，必要にして十分な内容である．マニピュレータ制御を学ぶ人には，ぜひとも読んでいただきたい．まさに至高の一冊である．内容はよくまとめられているが，高度な数学的知識を必要とするので，気合いを入れて読んでほしい.

　次に紹介したいのが

◎有本卓：新版　ロボットの力学と制御（システム制御情報ライブラリー），朝倉書店，2002.

そして，その旧バージョンである

◎有本卓：ロボットの力学と制御（システム制御情報ライブラリー），朝倉書店，1990.

である．こちらも，黎明期ゴールドセイントの一人である，有本卓先生の本である．有本先生はロボット工学のみならず，制御工学や信号処理などの大家である．もともとは数学分野の出身であり，その数学的な知識に基づいて，マニピュレータの力学から制御までを体系的にまとめている．まさに「マニピュレータ制御ではバイブルと呼ばれる本」である．ただし，高度な数学的知識を必要とするために難易度は高い．新版と旧版があるが内容が微妙に違い，旧版と新版を両方とも読んでおくこ

とをお勧めする．以下の英語で書かれた本は新版の内容をより詳細に記述しており，上記の二冊と合わせて読むと，さらに理解が深まるだろう．英語に自信のある読者はチャレンジしてほしい．

◎ **Suguru Arimoto: Control Theory of Non-Linear Mechanical Systems: A Passivity-Based and Circuit-Theoretic Approach (Oxford Engineering Science Series), Clarendon Press, 1996.**

さて，次に紹介する本は

◎広瀬茂男：ロボット工学（改訂版）(機械工学選書)，裳華房，2001．

である．著者である広瀬先生は移動ロボットの世界的権威であり，広瀬先生もまた日本ロボット界におけるゴールドセイントの一人である．広瀬先生の移動ロボットの中で特に有名なのは「TITAN シリーズ」といわれる多脚ロボットである．この本はマニピュレータ制御について取り扱っているが，関節構造の解説など，多脚ロボットへの応用も意識した内容となっている．

その他に，英語で書かれた比較的とっつきやすい良書としては，

◎ **John J. Craig: Introduction to Robotics: Mechanics and Control (Second Edition), Prentice Hall, 1989.**

を挙げておく．内容は吉川先生の本に近い．マニピュレータ制御はもちろんのこと，英語の勉強にもなる良書である．Second Edition（第 2 版）以外にも，いくつかバージョンが存在するが，手に入れやすいバージョンで問題ない．

■アクチュエータ

本書で解説したように，ロボットで用いるアクチュエータにはさまざまな種類がある．アクチュエータの性能によってロボットの性能（の一部）が決定されてしまうため，アクチュエータの知識を深めておくことは非常に重要である．

まずは，最も広く用いられている電磁駆動アクチュエータに特化した本として，以下を紹介しよう．

◎赤津観 監修：最新 モータ技術のすべてがわかる本 (史上最強カラー図解)，ナツメ社，2012．

この本は電気工学の初学者のための本であり，豊富な図が用いられていて，とにかくわかりやすい！ 本書では，基本的な電磁駆動アクチュエータとして直流モータしか説明していなかったが，電磁駆動アクチュエータにはさまざまな種類が存在する．これ一冊で電磁駆動アクチュエータの駆動原理を網羅できる，鉄板の一冊である．

ロボット用アクチュエータの全体的な解説書としては，

◎川村貞夫ほか：制御用アクチュエータの基礎 (ロボティクスシリーズ)，コロナ社，2006．

がよいだろう．ロボットに使用させる代表的なアクチュエータとして，電磁駆動アクチュエータ，空気圧駆動アクチュエータ，油圧駆動アクチュエータなどの動作原理や特性を詳しく説明している．

■制御工学

本書では，制御工学についての話題を取り上げてこなかったが，ロボットを制御するうえで，制御工学の知識は重要である．制御工学は古典制御と現在制御に大別される．

古典制御は基本的には1入力1出力の線形時不変システムを対象に，入出力の比である伝達関数を求めて解析する方法である．古典制御の本は数多く出版されているので，多くの良書が存在するが，初学者向けの本として以下の二冊を紹介する．

◎金子敏夫：やさしい機械制御，日刊工業新聞社，1992.

◎佐藤和也，平元和彦，平田研二：はじめての制御工学，講談社，2010.

一方，現代制御では，一般的に状態方程式と呼ばれる常微分方程式をベクトルと行列を用いて表現し，その行列の成分を分析し解析する方法である．多入力多出力の解析が可能である．現代制御を学ぶには古典制御の基礎を理解しているほうがよいだろう．現代制御の入門書として以下を紹介する．

◎小郷寛，美多勉：システム制御理論入門 (実教理工学全書)，実教出版，1979.

■ベクトル・行列（線形代数）

ロボット工学において，ベクトル・行列（線形代数）の知識は必要不可欠であるといってもよい．しかし，ロボットの解析に利用するベクトル・行列は初学者にとって，極めてとっつきにくいものである．

筆者もロボット工学を学んでいた学生時代に，ベクトル・行列で苦労した一人である．学生だった当時，「ベクトル・行列を簡単にわかりやすく説明している本はないか」といろいろと本を読みあさった．最初，本の厚さが「薄い本」を選んで読みまくった．「ベクトル・行列が難しい」という精神的な面から，見た感じ難しそうな厚い本はとても読む気がしなかったのである．「手っ取り早く内容を知りたい」と思ったため，「わかりやすい本＝薄い本」と思ってしまったのである．しかし，それは大きな間違いだった！薄くカジュアルな表紙の本は，小手先の計算テクニックばかり説明していて，その計算の本質をまったく説明しておらず，単に時間の無駄であった．そんなとき，友人から紹介された本が以下である．

◎ Gilbert Strang（山口昌哉 監訳，井上昭 訳）：線形代数とその応用，産業図書，1978.

この本を見たとき，とにかくその「厚さ」にビビった．厚さは3cm近くあり，図鑑並みである．しかも，表紙が黒色で重厚なオーラを漂わせていた．「こんな厚い本，読みたくないよ…」と正直なところ，そのときはそう思った．

しかし，読み始めてみると，線形代数のさまざまな計算における本質的な解説がされており，私が知りたいことがすべてわかりやすく説明されていた．私は機動戦士ガンダムの主人公・アムロレイがニュータイプに目覚めたときのように，頭の中に稲妻が走った．「み，見える！！」．この本はまさに私の必要としていた本であっ

た．結果的には厚い本のほうが，詳しく解説していて内容が豊富であった．まさに
「急がば回れ」である．読者の中で線形代数が苦手な人はぜひとも読んでいただき
たい本である．

　ちなみに，英語での良書としては以下の本がお勧めである．

◎ **Otto Bretscher: Linear Algebra with Applications (3E), Pearson
Education, 2004.**
この本も有名な本である．今回紹介したのは3E（第3版）であるが，その他のバー
ジョンも出ているので，手に入りやすいバージョンでよいだろう．私は以前，イギ
リスの古本屋でこの本を発見したとき，立ち読みしていて，あまりにわかりやすい
内容に衝動買いしてしまった．

■その他

　ロボット工学全般を網羅している内容としては，日本機械学会から発行されてい
る以下の本がお勧めである．
◎**日本機械学会：ロボティクス，日本機械学会，2011.**
この本ではアクチュエータからセンサ，制御，歩行など多くの内容を取り扱っている．
　本書では，ロボットに搭載する人工知能については取り扱ってこなかったが，最
近，再び注目されている人工知能に関連する情報にも触れておこう．初学者は，ま
ずは本書の姉妹書である以下の本がよいであろう．
◎**谷口忠大：イラストで学ぶ人工知能概論，講談社，2014**
内容としては，本書で活躍したホイールダック2号に人工知能を与え，「ダンジョ
ンを冒険し，宝箱を発見し，最終的にボスキャラであるスフィンクスを倒す」とい
うストーリーのもと，人工知能を解説していくものである．人工知能にはさまざま
な手法があるが，その中の多くの方法がこれ一冊で学ぶことができる．
　次に，遺伝的アルゴリズムと強化学習に特化している本ではあるが，初学者を対
象としている
◎**伊藤一之：ロボットインテリジェンス (図解ロボット技術入門シリーズ)，オー
ム社，2007.**
が大変わかりやすくお勧めである．
　最後に，若干高度な内容ではあるが，移動ロボット，自動車の自動運転技術など
の分野で有名な以下の書籍を紹介しておく．
◎ **Sebastian Thrun ほか（上田隆一 訳):確率ロボティクス (プレミアムブッ
クス版)，マイナビ出版，2015.**

その他は各章の脚注で紹介した書籍などを参考にしていただくとよいだろう．

おわりに

　本書の内容は，元々は著者の勤務する大学の講義で用いている内容であった．これまで，特定の教科書を用いず講義を行っていたのだったが，多くの学生から私の講義の内容を「教科書として購入したい」との要望が寄せられていた．しかし，書籍の出版というのは，実は執筆そのものよりも，出版社への企画を通すことのほうが難しい．この出版不況の昨今では，確実に黒字が出る（と個々の出版社の企画会議で認められた）内容以外には風当たりは厳しく，残念ながら出版社を見つけられずにいた.

　一方，著者のロボットの研究では，これまで人工知能を活用する研究テーマを行ってきた．私自身は人工知能をツールとして使用するものの，専門家ではない．あるとき，さらなる情報収集のため，わかりやすい初学者向けの書籍を探していた．そんな折，大学時代の同級生であり，同じ研究室出身の立命館大学・和田隆広先生とお酒を飲みに行った．その飲み会の席で，和田先生の同僚である谷口忠大先生の『イラストで学ぶ人工知能概論』を紹介された.

　さっそく，購入して読んでみた．内容はホイールダック2号がダンジョンを冒険するという著者のようなファミコン世代には何ともイメージが付きやすく，これまでに読んだ人工知能の本のどれよりも，内容がわかりやすかった．そして閃いた.

「これだ！　イラストで学ぶシリーズにロボット工学の本を加えてもらおう！」

　私は早速，和田先生に連絡し，面識のない谷口先生の連絡先を聞き出し，谷口先生にメールした．すると，谷口先生から思いがけない言葉が返ってきた.

「ホイールダック2号を主人公にして，ロボット工学の内容で一緒に本を書きませんか？」

と．谷口先生はいわば，学者としても執筆家としてもエースパイロット.

「私のような凡人が足手まといにならないだろうか？」

少し不安もよぎったが，これはチャンスだ．谷口先生の執筆に対する姿勢や考え方・テクニックを参考にできるチャンスではないかとポジティブにとらえ，監修をお願いした．さらに，ホイールダック2号のイラストを峰岸桃さんに担当していただいた．そして，編集として講談社サイエンティフィクの横山真吾さんを含めた合計4名での仕事となった．

　今回，谷口先生，峰岸さん，横山さんと一緒に仕事をさせていただいて，大変，有意義なものとなった．私自身も一人の物書きとして，そして教員として大変勉強になった．このような機会をつくってくれた和田先生には感謝に堪えない．また，原稿の校閲をお手伝いいただいた鳥栖工業高校・土山純二先生，数学を詳細にチェックしていただいた福岡工業大学ポスドク・森直文博士，明治大学・小澤隆太教授，さらにパナソニック株式会社・谷口祥平博士にもこの場をかりてお礼申し上げる．

　本書を手にとってくださった読者が，よりロボットの世界に興味をもっていただけたら，このうえない幸せである．ジークジオン．

2017 年 7 月

木野 仁

章末問題の解答例

第1章

1. 数学と物理の知識は「センサやアクチュエータの特性」や，ロボットマニピュレータにおける「手先位置と関節角度の図形的な関係」「手先速度と関節角速度の関係」「目標の手先力と関節トルクの関係」などを知るのに重要であり，これらの知識をベースにさまざまな制御が可能となる．

2. エンドエフェクタはマニピュレータ先端に取り付けられた，何らかの作業を行う部分である．センサは関節角度や手先位置，速度，加速度，温度などの物理量を計測する部品である．アクチュエータは関節を駆動させる部品や駆動機構全体を指す．リンクは関節と関節の間を連結させている部分を指す．

3. フィードフォワード制御は目標の物理量に対し，センサ情報と目標値との比較を行わずに出力する方法である．一方，フィードバック制御は目標の物理量に対し，センサ情報と目標値とを比較し，出力を調整する方法である．一般にフィードバック制御のほうがフィードフォワード制御より精度の高い制御が可能であるが，センサなどの部品点数が増えてコストが増加し，システムの故障や暴走などの危険性が増すという欠点がある．

4. 例えば「古いタイプのストーブにおける温度調節」「扇風機の羽の回転」「ロケット花火の打ち上げ」など．

5. 例えば「エアコンの温度調節」「一定速度で自動運転する自動車や電車」「ロケットを打ち上げる際，一定の角度を保ったまま上昇する技術」など．

第2章

1.
$$v(t) = \frac{dx(t)}{dt} = 6t^2 + 12t + 5$$
$$a(t) = \frac{dv(t)}{dt} = 12t + 12$$

2.
$$x(t) = \int_0^t (5t^3 + \cos \pi t)dt + 5 = \frac{5}{4}t^4 + \frac{1}{\pi}\sin \pi t + 5$$
$$a(t) = \frac{dv(t)}{dt} = 15t^2 - \pi \sin \pi t$$

❸

$$v(t) = \int_0^t 2t dt + 5 = t^2 + 5$$

$$x(t) = \int_0^t (t^2 + 5)dt + 2 = \frac{1}{3}t^3 + 5t + 2$$

❹ ダンパは速度 v に比例した抵抗力を与える機械要素である．粘性係数を μ としたとき，抵抗力 f_{dmp} は次式で示される．

$$f_{dmp} = -\mu v$$

❺ 並進系の PD 制御は仮想的なバネ要素に仮想的なダンパを加えたものである．仮想バネによって目標位置と現在位置の誤差に比例した力を与え，仮想ダンパは速度に比例したブレーキを行う．

❻ 速度ゲインが一定の場合には，図 2.9 のように．比例ゲインを大きくとると，運動は速いがオーバーシュートが大きくなる．一方，比例ゲインを小さくするとオーバーシュートは小さいが運動は遅くなる．比例ゲインが一定の場合には，図 2.13 のように，速度ゲインが大きいとブレーキが大きくなり，オーバーシュートは小さくなる．速度ゲインが小さいとブレーキが小さくなり，オーバーシュートは大きくなる．

第 3 章

❶
(a) の場合： $\tau = 0.5 \times 3 = 1.5$ [Nm]
(b) の場合： $\tau = 0.3 \times 2\cos(\pi/6) = 0.3\sqrt{3}$ [Nm]

❷
$$\omega(t) = \frac{d\theta(t)}{dt} = 6t^2 - \pi\sin\pi t$$

$$\dot{\omega}(t) = \frac{d^2\theta(t)}{dt^2} = \frac{d\omega(t)}{dt} = 12t - \pi^2\cos\pi t$$

❸ 一定の角速度で運動していることから，

$$\theta(t) = \int_0^t \omega dt = \omega \int_0^t dt = 0.3t$$

❹ $t = 0$ のとき $\theta(0) = 0$ であるから，

$$\theta(t) = \int_0^t \omega(t)dt = \frac{3t^2}{2} - \frac{1}{2\pi}\cos 2\pi t + \frac{1}{2\pi}$$

$$\dot{\omega}(t) = \frac{d\omega(t)}{dt} = 3 + 2\pi\cos 2\pi t$$

❺ 式 (3.6) より

(a) の場合： $I_a = 2 \times 0.8^2 + 1 \times 0.4^2 \fallingdotseq 1.4$ [kgm^2]
(b) の場合： $I_b = 2 \times (0.8^2 + 0.4^2) + 1 \times (0.4^2 + 0.2^2) = 1.8$ [kgm^2]

⑥
$$[\text{Nms}^2] = [\text{kg} \times \text{m/s}^2 \times \text{m} \times \text{s}^2] = [\text{kgm}^2]$$

⑦ 表 3.1 を参照のこと.

⑧ 目標角度と現在角度の差によって，トルクを生じる回転系の仮想バネを考え，回転運動を生じさせる．さらに，角速度に比例したブレーキトルクが生じるような仮想的な回転系ダンパを組み合わせる．

第 4 章

① 並進 3 自由度 ＋ 回転 3 自由度となり，合計で 6 自由度となる．

② 省略する．

③ (a) の場合は並進 1 自由度＋回転 1 自由度となり，合計で 2 自由度となる．
(b) の場合は並進 0 自由度＋回転 2 自由度となり，合計で 2 自由度となる．

④ 肩関節が 3 自由度，肘関節が 1 自由度，手首関節が 3 自由度であり，合計で 7 自由度となる．

⑤ 手先自由度の数に対し，関節自由度の数が多い場合を冗長という．また，関節自由度の数と手先自由度の数が同じ場合を非冗長という．冗長の場合には「コストが増加する」「手先位置に対して，図形的に関節角度が一意に決まらない」などの短所があるが，「回り込み作業が可能となる」「大きな可動範囲を得ることができる」などの長所がある．

第 5 章

① (a) では，2 つのリンク長を斜辺とする 2 つの直角三角形を考える．手先位置 x は 2 つの直角三角形の底辺の和であり，y は高さの和であるから，

$$x = \cos\frac{\pi}{6} + \frac{1}{2}\cos\frac{2\pi}{6} = \frac{1 + 2\sqrt{3}}{4}$$
$$y = \sin\frac{\pi}{6} + \frac{1}{2}\sin\frac{2\pi}{6} = \frac{2 + \sqrt{3}}{4}$$

となる．同様に (b) では次式となる．

$$x = \cos\frac{\pi}{4} + \frac{1}{2}\cos\frac{2\pi}{4} = \frac{\sqrt{2}}{2}$$
$$y = \sin\frac{\pi}{4} + \frac{1}{2}\sin\frac{2\pi}{4} = \frac{1 + \sqrt{2}}{2}$$

② (a) では，リンク長さが $L_1 = L_2 = 1$ に対し手先位置が $(1, 1)$ であるため，リンク 1 が x 軸上にあり，リンク 2 が y 軸に平行であることがわかる．したがって，$\theta_1 = 0$，$\theta_2 = \pi/2$ である．
(b) では，リンク 1 とリンク 2 と x 軸に囲まれる直角三角形を考えると，その辺の比率が $2 : 1 : \sqrt{3}$ であることがわかる．したがって，$\theta_1 = \pi/6$，$\theta_2 = 3\pi/2$ である．

③
$$x = 200\cos 0.4 + 200\cos(0.5) \fallingdotseq 359.7[\text{mm}]$$
$$y = 200\sin 0.4 + 200\sin(0.5) \fallingdotseq 173.6[\text{mm}]$$

④ 省略する．ただし，関数電卓などで計算する場合には丸めの誤差（四捨五入など）の影響で，元の数値には完全には戻らないので注意が必要である．

199

⑤ (a) の順運動学は以下となる.

$$x = l + L_1 + L_2 \cos\theta, \quad y = y_0 + L_2 \sin\theta$$

また,逆運動学は以下となる.

$$\theta = \arcsin\left(\frac{y - y_0}{L_2}\right), \quad l = x - L_1 - L_2 \cos\theta$$

(b) の順運動学は以下となる.

$$x = (l + L)\cos\theta, \quad y = (l + L)\sin\theta$$

また,逆運動学は以下となる.

$$l = \sqrt{x^2 + y^2} - L, \quad \theta = \arctan\left(\frac{y}{x}\right)$$

第 6 章

❶ 短所は「大きなトルクを発生させることが難しい」「ブラシの摩耗による寿命が短い」など.長所は「構造が比較的単純」「発生トルクが入力電流に比例する」「取り扱いが容易」など.

❷ 短所は「ポンプなどの設備が別途必要となる」「ポンプの騒音や油漏れなどが生じやすい」など.長所は「発生力が大きい」など.

❸ 短所は「圧縮性の空気により,シリンダが爆発する危険性」「コンプレッサなどの設備が別途必要となる」など.長所は「可動部を軽量化できる」「比較的大きな発生力を得やすい」「圧縮性の空気による柔軟な動作が可能」など.

❹ 短所は「摩耗しやすく寿命が短いこと」など.長所は「小型・軽量化が容易」「非駆動時に回転部に保持力が働く」など.

❺ 発生トルクを τ とすると,0.5 [A] のとき,$\tau = 15 \times 0.5 = 7.5$ [Nm] となる.また,1.2 [A] のとき,$\tau = 15 \times 1.2 = 18$ [Nm] となる.

第 7 章

❶ ポテンショメータは電気抵抗をもつ直流回路を利用した角度センサであり,角度変化を電圧変化として出力する.短所は「寿命が短い」「ノイズが生じやすい」などであり,長所は「構造が簡単」「安価」などである.一方,エンコーダは内部にスリットのある円盤をもち,発光体から出た光がスリットを通過する回数をカウントして角度を計測する.短所は「構造が複雑」「価格が高い」などであり,長所は「寿命が長い」「ノイズが生じない」などである.

❷ 計測角度を θ [deg] とすると,電圧が 1.4 [V] のとき $\theta = \frac{1.4}{5} \times 320 = 89.6$,3.5 [V] のとき $\theta = \frac{3.5}{5} \times 320 = 224$ となる.

❸ 角速度を ω [rad/s] とすれば,$\omega = \frac{3.2}{2} \times 2.5 = 4$ となる.

❹ 力を f [N] とすれば.$f = \frac{2.5}{4.8} \times 25 \fallingdotseq 13.0$ となる.

❺ 図 7.14 を参照のこと.

❻ 図 7.12 の回路において,上部の A → C → B の電気抵抗について考える.CB 間の電圧 V_{CB} は

$$V_{CB} = \frac{R_4}{R_1 + R_4} V_{AB}$$

となる．次に，下部の A → D → B の電気抵抗について考える．DB 間の電圧 V_{DB} は

$$V_{DB} = \frac{R_3}{R_2 + R_3} V_{AB}$$

となる．したがって

$$
\begin{aligned}
V_{CD} &= V_{CB} - V_{DB} \\
&= \left(\frac{R_4}{R_1 + R_4} - \frac{R_3}{R_2 + R_3} \right) V_{AB} \\
&= \frac{R_2 R_4 - R_1 R_3}{(R_1 + R_4)(R_2 + R_3)} V_{AB}
\end{aligned}
$$

となり，$R_1 = R_2 = R_3 = R$ を上式に代入すれば，次式となる．

$$V_{CD} = \frac{R R_4 - R^2}{2(R + R_4) R} V_{AB}$$

第 8 章

❶ PTP 制御と軌道制御はともに手先の位置制御に用いられる．PTP 制御はある点から目標点への制御であり，軌道制御は目標軌道への追従制御である．

❷ 与えられた目標手先位置に対応した目標関節角度を逆運動学によって計算する．次に，得られた目標関節角度に対し，各関節ごとに PD 制御を行う．

❸ 斜面に平行で地面からの距離を x [m] とする．このとき，重力によるポテンシャルエネルギーは $U = mgx \sin\theta$ となり，必要な力 f [N] は次式となる．

$$f = \frac{dU}{dx} = mg \sin\theta$$

❹ 本文を参照のこと．

❺ 本文を参照のこと．

❻ リンク 1 とリンク 2 の重力によるポテンシャルエネルギーをそれぞれ U_1, U_2 とすると，

$$
\begin{aligned}
U_1 &= m_1 g L_{g1} \sin\theta \\
U_2 &= m_2 g (l + L_{g2}) \sin\theta
\end{aligned}
$$

となる．全体のポテンシャルエネルギーは $U = U_1 + U_2$ で与えられる．各関節の重力補償をそれぞれ τ_g, f_g とすると，次式が得られる．

$$
\begin{aligned}
\tau_g &= \frac{\partial U}{\partial \theta} = \big(m_1 L_{g1} + m_2 (l + L_{g2}) \big) g \cos\theta \\
f_g &= \frac{\partial U}{\partial l} = m_2 g \sin\theta
\end{aligned}
$$

❼ PD 制御では，ある時間において関節角度と角速度が目標値との間に誤差を生じていなければ，駆動トルクを発生させない．したがって，結果的に生じる軌道と目標軌道にはズレが生じ，完全に一致することはない．

第 9 章

❶ 本文を参照のこと．
❷ 式 (9.7) より

$$J = \left(\begin{array}{cc} -1.2 \sin \pi/6 - 1.5 \sin(\pi/6 + \pi/4) & -1.5 \sin(\pi/6 + \pi/4) \\ 1.2 \cos \pi/6 + 1.5 \cos(\pi/6 + \pi/4) & 1.5 \cos(\pi/6 + \pi/4) \end{array} \right)$$

$$\fallingdotseq \left(\begin{array}{cc} -2.0 & -1.4 \\ 1.4 & 0.4 \end{array} \right)$$

❸
$$\left(\begin{array}{cc} -2.0 & -1.4 \\ 1.4 & 0.4 \end{array} \right)^{-1} = \frac{1}{1.16} \left(\begin{array}{cc} 0.4 & 1.4 \\ -1.4 & -2.0 \end{array} \right)$$

❹ 分解速度法では速度によって生じる変位を蓄積して移動距離を得ている．しかし，実際には時々刻々の厳密な速度が実現できているわけではなく，サンプリング時間ごとの離散的な速度を目標値としている．したがって，理想的な速度と実現する速度に誤差が生じ，それによって生じる変位の誤差が蓄積していくため，高精度の軌道制御が困難となる．

❺ 特異姿勢の概念を人間の運動に当てはめてみると，スポーツや複雑な動作などでは，熟練者の動作は脚と腕のそれぞれの関節がほどほどに曲がり，特異姿勢（完全に伸びきっているか折りたたまれているか）から大きく異なる状態であることが多い．これは，手先や足先の動作に必要な関節角速度をできるだけ小さくして，動きやすい姿勢をとっていると考えられる．ただし，人間は関節の周囲を筋肉が覆い，筋肉を収縮させる構造であるため，マニピュレータのような関節構造とは異なる．そのため厳密にいえば，これらの構造の違いも動作に影響を与えていると考えられる．

❻ J の定義より行列式 $|J|$ を計算すると，以下となる．

$$\begin{aligned} |J| &= (-L_1 \sin \theta_1 - L_2 \sin(\theta_1 + \theta_2))(L_2 \cos(\theta_1 + \theta_2)) \\ &\quad - (-L_2 \sin(\theta_1 + \theta_2))(L_1 \cos \theta_1 + L_2 \cos(\theta_1 + \theta_2)) \\ &= -L_1 L_2 \big(\sin \theta_1 \cos(\theta_1 + \theta_2) - \cos \theta_1 \sin(\theta_1 + \theta_2) \big) \end{aligned}$$

三角関数の加法定理より

$$\sin(\theta_1 + \theta_2) = \sin \theta_1 \cos \theta_2 + \cos \theta_1 \sin \theta_2$$
$$\cos(\theta_1 + \theta_2) = \cos \theta_1 \cos \theta_2 - \sin \theta_1 \sin \theta_2$$

であるから

$$\begin{aligned} |J| &= -L_1 L_2 \big(\sin \theta_1 \cos(\theta_1 + \theta_2) - \cos \theta_1 \sin(\theta_1 + \theta_2) \big) \\ &= L_1 L_2 \sin \theta_2 (\sin^2 \theta_1 + \cos^2 \theta_1) \\ &= L_1 L_2 \sin \theta_2 \end{aligned}$$

となる．したがって，逆行列が存在しないときの条件は $\sin \theta_2 = 0$ のとき，つまり $\theta_2 = 0$

か $\theta_2 = \pi$ [rad] のいずれかとなる.

第 10 章

❶ 仮想仕事の原理とは「力が平衡状態となる必要十分条件は,あらゆる方向の仮想変位における仮想仕事の総和がゼロになる」ことである.

❷ 章末のコラムを参照のこと.

❸ ヤコビ行列を $\boldsymbol{J}$ とすると,式 (9.7) より,

$$
\boldsymbol{J} = \left(\begin{array}{cc} -0.5\sin\pi/3 - 1.2\sin(\pi/3+\pi/2) & -1.2\sin(\pi/3+\pi/2) \\ 0.5\cos\pi/3 + 1.2\cos(\pi/3+\pi/2) & 1.2\cos(\pi/3+\pi/2) \end{array} \right)
$$

$$
\fallingdotseq \left(\begin{array}{cc} -1.0 & -0.6 \\ -0.8 & -1.0 \end{array} \right)
$$

したがって,

$$
\boldsymbol{J}^{\top} \fallingdotseq \left(\begin{array}{cc} -1.0 & -0.8 \\ -0.6 & -1.0 \end{array} \right)
$$

第 11 章

❶ 誤差角度を $e = \theta_d - \theta$ とおくと,$\tau = K_p e^4$ となる.このとき,システムに加えられるポテンシャルエネルギー U_P は

$$
U_P = \int \tau \, de = \frac{K_p}{5} e^5
$$

となる.ただし $e = 0$ のとき $U_P = 0$ となるように積分定数 C を $C = 0$ とおいた.この制御式で生成されるポテンシャルエネルギーは,目標値 ($e = 0$) において最小とならない.したがって,目標関節角度には収束できない.

❷ 例えば,対象とするマニピュレータの i 番目の関節角度 θ_i が $-\pi/2 \leqq \theta_i \leqq \pi/2$ の可動範囲に限定されているとする ($i = 1, 2$).目標角度を θ_{di},誤差を $e_i = \theta_{di} - \theta_i$ とすると,関節トルク τ_i を以下で与える.

$$
\tau_i = K_{pi}\sin(\theta_{di} - \theta_i) - K_{vi}\dot{\theta}_i = K_{pi}\sin e_i - K_{vi}\dot{\theta}_i
$$

ここで K_{pi}, K_{vi} はゲインである.このとき,上式の第 1 項によってシステムに与えられる i 番目の関節のポテンシャルエネルギー U_{Pi} は

$$
U_{Pi} = \int (K_i \sin e_i) \, de_i = -K_i \cos e_i
$$

となる.ただし $e = 0$ のとき $U_P = 0$ となるように積分定数 C を $C = 0$ とおいた.可動範囲内では $e_i = 0$ のとき,つまり $\theta_i = \theta_{di}$ のとき U_{Pi} が最小となり,各関節角度が目標値に収束する.

❸ 例えば,移動ロボットの現在位置,目標位置をそれぞれベクトル $\boldsymbol{x} = (x, y)^{\top}$,$\boldsymbol{x_d} = (x_d, y_d)^{\top}$ とし,障害物の位置ベクトルを $\boldsymbol{x_{OB}} = (x_{OBx}, x_{OBy})^{\top}$ とし,移動ロボットに与える力を $\boldsymbol{f}$ とする.障害物は静止しており,$|x_{OBx} - x_d| > \pi$,

203

$|x_{OBy} - y_d| > \pi$ と仮定する．このとき，$\boldsymbol{f}$ を次式で与える．

$$\boldsymbol{f} = \boldsymbol{K_p}(\boldsymbol{x_d} - \boldsymbol{x}) - \boldsymbol{K_v}\dot{\boldsymbol{x}} + \boldsymbol{f_{OB}}$$

ここで $\boldsymbol{K_p}$ と $\boldsymbol{K_v}$ は，それぞれ比例ゲイン行列，速度ゲイン行列である．また，第 3 項の $\boldsymbol{f_{OB}} = (f_{OBx}, f_{OBy})^\top$ は以下で与える．

$$f_{OBx} = \begin{cases} -K_{OBx}\sin(x_{OBx} - x) & (|x_{OBx} - x| \leqq \pi \text{ のとき}) \\ 0 & (|x_{OBx} - x| > \pi \text{ のとき}) \end{cases}$$

$$f_{OBy} = \begin{cases} -K_{OBy}\sin(x_{OBy} - y) & (|x_{OBy} - y| \leqq \pi \text{ のとき}) \\ 0 & (|x_{OBy} - y| > \pi \text{ のとき}) \end{cases}$$

ここで，K_{OBx}，K_{OBy} はゲインである．このとき K_{OBx}，K_{OBy} を $\boldsymbol{K_p}$ と $\boldsymbol{K_v}$ の各成分の値より十分大きくする．移動ロボットの位置と障害物との x 方向，y 方向の距離がそれぞれ π より大きいときには，$\boldsymbol{f_{OB}}$ の成分はゼロとなり，通常の PD 制御と同様に $\boldsymbol{x_d}$ の方向に移動する．一方，障害物に近づくと，$\boldsymbol{f_{OB}}$ の成分がゼロ以上の値をもち，障害物から反発力が生じる．その結果，障害物回避が可能となる．

第 12 章

① 動力学では位置・速度・加速度を考慮した微分方程式によって次式で運動を表現する．

$$m\ddot{x} + kx = mg$$

静力学では速度と加速度をゼロとみなし，静止している状態でのつり合い式によって，次式で運動を表現する．

$$x = mg/k$$

② i 番目リンクの運動エネルギーを K_i，ポテンシャルエネルギーを P_i とすると

$$\begin{aligned} K_1 &= \frac{1}{2}m_1\dot{l_1}^2 \\ P_1 &= m_1 g y_0 \\ K_2 &= \frac{1}{2}m_2(\dot{l_1}^2 + \dot{l_2}^2 + 2\dot{l_1}\dot{l_2}\cos\frac{\pi}{4}) \\ P_2 &= m_2 g\big(y_0 + (l_2 + L_{g2})\sin\frac{\pi}{4}\big) \end{aligned}$$

一般化力を f_1 と f_2 とすると，次式となる．

$$\begin{aligned} f_1 &= m_1\ddot{l_1} + m_2(\ddot{l_1} + \ddot{l_2}\cos\frac{\pi}{4}) \\ f_2 &= m_2(\ddot{l_1}\cos\frac{\pi}{4} + \ddot{l_2}) + m_2 g\sin\frac{\pi}{4} \end{aligned}$$

③ i 番目リンクの運動エネルギーを K_i，ポテンシャルエネルギーを P_i とすると

$$K_1 = \frac{1}{2}m_1 \dot{l}^2$$
$$P_1 = m_1 g y_0$$
$$K_2 = \frac{1}{2}m_2(\dot{l}^2 + L_{g2}^2\dot{\theta}^2 - 2\dot{l}\dot{\theta}L_{g2}\sin\theta) + \frac{1}{2}I_2\dot{\theta}^2$$
$$P_2 = m_2 g(y_0 + L_{g2}\sin\theta)$$

一般化力を f と τ とすると，次式となる．

$$f = m_1\ddot{l} + m_2(\ddot{l} - L_{g2}\ddot{\theta}\sin\theta - L_{g2}\dot{\theta}^2\cos\theta)$$
$$\tau = m_2(L_{g2}^2\ddot{\theta} - L_{g2}\ddot{l}\sin\theta) + I_2\ddot{\theta} + m_2 g L_{g2}\cos\theta$$

第 13 章

❶ 省略する．

❷ 順動力学では式 (13.8) の左辺に関節トルクを代入し，式 (13.8) の微分方程式を解くことで結果として生じる関節角度の運動を計算する．逆動力学では，式 (13.8) の右辺に関節運動を代入し，結果的に左辺の関節トルクを計算する．

❸ マニピュレータの運動方程式がわかっている場合に，逆動力学を用いて目標の運動に必要なトルクをあらかじめ計算しておき，その関節トルクを実際のマニピュレータに入力することで目標軌道を実現する方法が計算トルク法である．短所は運動方程式や各物理パラメータの値を正確に知っておく必要がある点であり，長所は運動方程式や物理パラメータの値が正確ならば，理論上完全に目標軌道に追従することができる点である．

第 14 章

❶ 省略する．

❷ 省略する．

❸ この方法では理想的なインピーダンスのもつシステムの軌道を計算し，サンプリング時間ごとに目標位置に対し PD 制御を行う．したがって，目標運動には完全に軌道追従できず，これにより見かけのインピーダンスに誤差が生じる．

第 15 章

❶ 省略する．

❷ 省略する．

❸ 省略する．

❹ 省略する．

索　引

欧字

AD コンバータ　85
AD 変換器　85
DA コンバータ　71
DA 変換器　66, 71
DOF　40
LCR 回路　159
MATLAB　151
Open Dynamics
　Engine　151
P 制御　22
PD 制御　24, 26
PID 制御　28, 186
PTP 制御　90
SLAM　132

あ行

アクチュエータ　3, 6, 62
アナログ電圧　71
位置制御　21
位置と力のハイブリッド
　制御　119
一般化座標　138
一般化速度　138
一般化力　138
移動ロボットの位置制御
　128
インバースキネマティクス
　50

インピーダンス　159
インピーダンス制御
　159, 161
運動学　50
運動方程式　136
エンコーダ　74, 77
エンドエフェクタ　6
オーバーシュート　24

か行

解析力学　138
カウンタ　77
角加速度　30
角速度　30
角速度センサ　78
角度センサ　74
仮想仕事の原理　115,
　120
加速度　16
慣性行列　144
慣性項　144
慣性モーメント　31
関節　6
関節座標系　47
関節座標系 PD 制御　93
関節自由度　43
機械インピーダンス　159
軌道制御　90
キネマティクス　50
逆運動学　50

逆関数　55
逆行列　104
逆三角関数　55, 59
逆動力学　150
行ベクトル　102
行列　102
行列式　104
距離センサ　76
筋骨格構造　180
空気圧駆動アクチュエータ
　68
クーロン摩擦　185
系　6
計算トルク法　153
ゲインチューニング　27
腱駆動ロボット　180
減衰器　24
剛性制御　167
剛体　33
誤差　22
コンプライアンス制御　167

さ行

最大静止摩擦力　186
作業座標系 PD 制御　117
作業座標系　47
サンプリング時間　80
サンプリング周期　80
自己位置推定　132
システム　6

自由度　40
重力項　144
重力補償　95
受動歩行　182
順運動学　50
順動力学　150
ジョイント　6
冗長　46
冗長性　45
シリアルリンク構造　177
人工ポテンシャル法　126
制御　5
静止摩擦力　185
静力学　136
積分項　187
線形代数　102
センサ　7, 74
速度　15
速度ゲイン　26

た行

ダンパ　24
力制御　115
力センサ　81
超音波アクチュエータ　70
直流モータ　62
適応制御　154
手先効果器　6
手先座標系　47
手先座標系 PD 制御　117

手先自由度　43
電気インピーダンス　159
電磁駆動アクチュエータ
　62
転置　104
動摩擦力　185
動力学　135
特異姿勢　111
特異点　111
トルク　31
トルク定数　64

な行

ニュートン・オイラー法
　137
粘性摩擦　25

は行

パラレルリンク構造　178
パラレルワイヤ駆動システム
　179
バンバン制御　22
非冗長　45
歪ゲージ　81
非線形項　144
非線形制御　22
ピックアンドプレイス　44
微分ゲイン　26
微分方程式　135

比例ゲイン　24
比例制御　22
フィードバック制御　8
フィードフォワード制御　8
フォワードキネマティクス
　50
フックの法則　22
物理　14
ブラシレスモータ　65
分解速度法　109
並進運動　15
並進系と回転系の類似性
　34
ベクトル　102
変位　34
ホイートストンブリッジ
　回路　83
ポテンショメータ　74

ま行

摩擦補償　189
マス・バネ・ダンパシステ
　ム　160
マニピュレータ　5
モータドライバ　66

や行

ヤコビ行列　107

油圧駆動アクチュエータ
67

ら行

ラグランジュ関数　139
ラグランジュ法　137
リンク　6
ルンゲクッタギル法　151
列ベクトル　102
ロータリエンコーダ　77
ローレンツ力　63

著者紹介

木野 仁 博士（工学）
1997 年 立命館大学大学院理工学研究科博士後期課程中退
現 在 中京大学工学部機械システム工学科 教授
著 書 『工学博士が教える高校数学の「使い方」教室』ダイヤモンド社 (2020)
『ロボットとシンギュラリティ』彩図社 (2019) ほか

監修者紹介

谷口忠大 博士（工学）
2006 年 京都大学大学院工学研究科博士課程修了
現 在 京都大学大学院情報学研究科 教授
著 書 『記号創発ロボティクス (講談社選書メチエ)』講談社 (2014)
『イラストで学ぶ 人工知能概論 改訂第 2 版』講談社 (2020) ほか

NDC548.3　223p　21cm

イラストで学ぶ　ロボット工学

2017 年 11 月 20 日　第 1 刷発行
2024 年 7 月 25 日　第 8 刷発行

著 者　木野 仁
監修者　谷口忠大
発行者　森田浩章
発行所　株式会社 講談社
〒 112-8001　東京都文京区音羽 2-12-21
販売　(03)5395-4415
業務　(03)5395-3615

KODANSHA

編 集　株式会社 講談社サイエンティフィク
代表　堀越俊一
〒 162-0825　東京都新宿区神楽坂 2-14　ノービィビル
編集　(03)3235-3701
本文データ制作　藤原印刷株式会社
印刷・製本　株式会社ＫＰＳプロダクツ

落丁本・乱丁本は，購入書店名を明記のうえ，講談社業務宛にお送りくださ
い．送料小社負担にてお取替えします．なお，この本の内容についてのお問い
合わせは，講談社サイエンティフィク宛にお願いいたします．定価はカバー
に表示してあります．

©Hitoshi Kino and Tadahiro Taniguchi, 2017

本書のコピー，スキャン，デジタル化等の無断複製は著作権法上での例外を
除き禁じられています．本書を代行業者等の第三者に依頼してスキャンやデ
ジタル化することはたとえ個人や家庭内の利用でも著作権法違反です．

JCOPY 〈(社) 出版者著作権管理機構 委託出版物〉

複写される場合は，その都度事前に (社) 出版者著作権管理機構 (電話 03-
5244-5088, FAX 03-5244-5089, e-mail: info@jcopy.or.jp) の許
諾を得てください．

Printed in Japan

ISBN 978-4-06-153834-4